高等职业院校精品教材系列

电力电缆技术及应用

童克波 主 编

陈 琛 闫海兰 参 编

電子工業出版社

Publishing House of Electronics Industry

北京 • BEIJING

内 容 简 介

中低压电力电缆在我国国民经济中起着重要的作用，承载着电力的传输和分配的主要作用。本书从中低压电力电缆的结构和类型、电力电缆的选择、电力电缆的敷设、电力电缆附件的制作、电力电缆故障查找及运行维护等方面对电力电缆做了全面的介绍。

本书注重少学时、注重应用，内容翔实，使用了大量的图片，将电力电缆施工中的工具和场景呈现出来，使读者能真实感受现场氛围。本教材可作为高职院校电气自动化、机电设备维修与管理等专业的学习教材，也可作为电力电缆施工人员的培训教材。

图书在版编目（CIP）数据

电力电缆技术及应用 / 童克波主编. —北京：电子工业出版社，2017.1（2025.1 重印）
ISBN 978-7-121-30398-2

Ⅰ. ①电… Ⅱ. ①童… Ⅲ. ①电力电缆－高等职业教育－教材 Ⅳ. ①TM247

中国版本图书馆 CIP 数据核字（2016）第 277772 号

策划编辑：刘少轩（liusx@phei.com.cn）
责任编辑：胡辛征
印　　刷：固安县铭成印刷有限公司
装　　订：固安县铭成印刷有限公司
出版发行：电子工业出版社
　　　　　北京市海淀区万寿路 173 信箱　邮编 100036
开　　本：787×1 092　1/16　印张：10　字数：256 千字
版　　次：2017 年 1 月第 1 版
印　　次：2025 年 1 月第 4 次印刷
定　　价：36.00 元

凡所购买电子工业出版社图书有缺损问题，请向购买书店调换。若书店售缺，请与本社发行部联系，联系及邮购电话：（010）88254888，88258888。

质量投诉请发邮件至 zlts@phei.com.cn，盗版侵权举报请发邮件至 dbqq@phei.com.cn。

本书咨询联系方式：liusx@phei.com.cn。

前　　言

目前，我国正处于城镇化、工业化快速发展的时期，经济发展、城市建设和人民生活对电力的需求及可靠性要求不断提高，特别是在厂矿企业、城市建设中，电力电缆的应用都非常普遍。

本教材按电力电缆实际使用顺序进行编写，一章就是一个知识单元，重点突出，主题鲜明，并保证了知识的完整性和通用性。全书分为六章，从现场实际出发，分别是电力电缆结构和类型、电力电缆选择和敷设、中低压电缆附件及制作、电力电缆试验、电力电缆故障测寻、电力电缆运行管理与维护。

本教材由兰州石化职业技术学院童克波任主编，该校教师陈琛、闫海兰任参编，具体编写分工如下：第 1 章由闫海兰老师编写，第 2、3 章由童克波老师编写，第 4、5 和 6 章由陈琛老师编写。

在编写过程中，作者参阅了国内外大量的文献资料，在此对原作者表示深深的敬意和衷心的感谢！

限于编者的经验、水平，书中难免有不足之处，恳请专家、读者批评指正。

编　者

2016.8

目　　录

第 1 章　电力电缆结构和类型

1.1　电力电缆基本性能和型号

1.1.1　电力电缆的概念

1．电缆的概念

广义的电线电缆也简称为电缆。狭义的电缆是指绝缘电缆，通常是由一根或多根导线（导电部分）以及相应的包覆绝缘层和外护层三部分组成的。按《电工术语—电缆》（GB/T 2900.10—2001）规范，电缆的定义是用以传输电（磁）能、信息和实现电磁能转换的线材产品。

用于电力传输和分配大功率电能的电缆，称为电力电缆。在电力电缆技术中，通常把 35kV 及以下电压等级的电缆称为中低压电缆。110kV 及以上等级的电缆称为高压电缆。

2．电力电缆的应用

随着城市建筑物和人口密度的增加。大都市的中低压架空裸线配电系统已暴露出许多问题。为降低架空输电线路系统的故障率，也有采用绝缘电缆的架空电力线路，它已逐渐在广大城市和乡村地区得以应用。

我国电力部门参照国外架空电网改造和输电线路运行的经验，于 1985 年发出通知，要求城市供电部门先行，今后在配电系统中逐步使用架空绝缘电缆代替现有的架空裸线，并规定城市电力网的输电线路与高、中压配电线路，在下列情况下必须采用电缆线路：

（1）根据城市规划，繁华地区、重要地段、主要道路、高层建筑区及对市容环境有特殊要求的场合；

（2）架空线路和线路导线通过严重腐蚀地段，在技术上难以解决者；

（3）供电可靠性要求较高或重要负荷用户；

（4）重点风景旅游区；

（5）沿海地区易受热带风暴侵袭的主要城市的重要供电区域；

（6）电网结网或运行安全要求高的地区。

另外，城市电力低压配电线路在下列情况下也应采用电缆线路：负荷密度高的市中心；建筑面积较大的新建居民住宅小区及高层建筑小区；依据规划不宜通过架空线路的街道或地区；其他情况经技术经济比较采用电缆线路更为合适者。对应采用电缆线路而不具备敷设条件时，可采用绝缘架空敷设方式。

1.1.2　电力电缆线路的优缺点

在电力系统中传输分配大功率电能的设备有架空线路和电力电缆两种方式。架空线路具有结构简单、投资小、便于维护等优点，而电力电缆能适应地下、水底等各种敷设环境，能满足长期、安全传输电能的需要。在输电线路中，电力电缆是架空输电线路的重要补充，实现架空输电线路无法完成的任务。同时，在城市配电网中电缆已经逐步取代架空配电线路，已在配电网中占主导地位。

1．电力电缆线路的优点

（1）维护工作量小，不需频繁地巡视检查。

（2）不易受周围环境和污染的影响，供电可靠性高。

（3）线间绝缘距离小，占地少，无干扰电波。

（4）运行可靠，由于安装在地下等隐蔽处，受外力破坏小，发生故障的机会较少，供电安全，不会给人身造成危害。

（5）美化城市环境，不影响地面绿化和美观。

（6）有助于提高功率因数。

2．电力电缆线路的缺点

（1）电力电缆线路比架空线路成本高，一次性投资费用比架空线路高 7～10 倍。

（2）电缆线路建成后不容易改变，电缆分支也很困难。

（3）电缆故障测寻与检修困难，需要大量人力物力且非常费时。

1.1.3　电力电缆的基本特性

电力电缆最基本的性能是有效地传播电磁波（场）。另一个极为重要的基本特性是对环境的适应性。也就是说，不同的使用环境对电线电缆的耐高温、耐低温、耐电晕、耐辐照、耐气压、耐水压、耐油、耐臭氧、耐大气环境、耐振动、耐溶剂、耐磨、抗弯、抗扭转、抗拉、抗压、阻燃、防火、防雷和防生物侵袭等性能均有相应的要求。另外，为了确保电缆工程系统的整体可靠性，对一些在特殊使用条件下工作的电缆除按电缆的标准和技术测试、试验、核相和检验等办法外，还增加了使用要求的具体规定。

1．电气性能

电气性能指导电性能、电绝缘性能和传输特性。电线电缆不仅要具有良好的导电性能，对个别的电线电缆还要求有一定的电阻性能。电绝缘性能包括绝缘电阻、介电常数、介质损耗、耐电压特性等。传输特性指高频传输特性、抗干扰特性等。

2．力学性能

力学性能指抗拉强度、伸长率、弯曲性、弹性、柔软性、耐振动性、耐磨性以及耐冲击性等。

3．热性能

热性能是指电线电缆产品的耐热等级、工作温度、电力电缆的发热和散热特性、载流量、短路和过载能力、合成材料的热变形和耐热冲击能力、材料的热膨胀性及浸渍或涂层材料的滴流性能等。

4．耐腐蚀和耐气候性能

耐腐蚀和耐气候性能指耐电化腐蚀、耐生物和耐细菌侵蚀、耐化学药品（油、酸、碱、化学溶剂等）侵蚀、耐盐雾、耐日光、耐寒、防霉以及防潮性能等。

5. 老化性能

老化性能指在机械（力）应力、电应力、热应力以及其他各种外加因素的作用下，或外界气候条件下产品组成材料保持其原有性能的能力。

6. 其他性能

它包括部分材料的物理性（如金属材料的硬度、蠕变，高分子材料的相容性）以及产品的某些特殊使用特性（如阻燃、耐原子辐射、防蚂蚁啃咬，延时传输，以及能量阻尼等）。

1.1.4 电力电缆型号

每个电缆型号除表示一种电缆的结构外，同时也表明了该电缆的使用场所和某些特性。我国国产电力电缆产品型号的编制原则如下。

1. 中低压电力电缆型号及产品表示方法

电力电缆的型号由汉语拼音（用汉语拼音第一个字母的大写表示）和阿拉伯数字组成。电缆型号除表示电缆类别、绝缘结构、导体材料、结构特征、铠装层类别、外被层类型外，还将电缆的工作电压、线芯数目、截面大小及标准号分别表示在型号后面。电缆型号表示方法如图 1-1 所示。现分述（按从左至右的排列位置）如下：

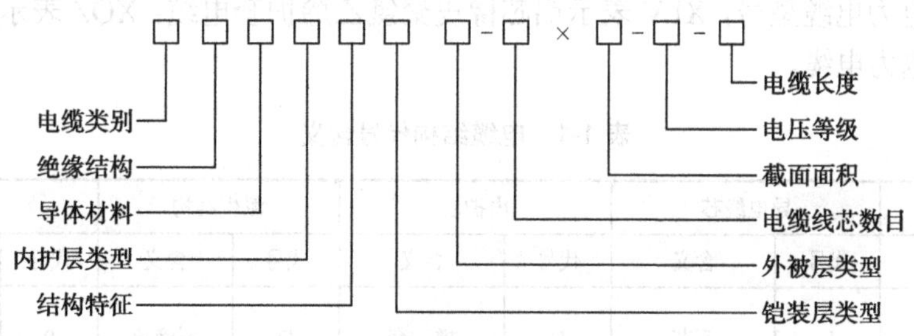

图 1-1 电缆型号表示方法

第一位字母表示电缆类别（用途）：K-控制电缆；P-信号电缆；B-绝缘电线；R-绝缘软线；Y-移动式软电缆；H-电话电缆。对于电力电缆则可以省略。

第二位字母表示绝缘材料（绝缘结构）：Z-纸绝缘；V-聚氯乙烯绝缘；Y-聚乙烯绝缘；YJ-交联聚氯乙烯。

第三位字母表示导体（电缆线芯）材料：T-铜芯（不标注）；L-铝芯；G-钢芯。

第四位字母表示内护层类型：Q-铅包；L-铝包；V-聚氯乙烯；Y-聚乙烯；H-橡胶护套；F-氯丁橡胶护套。

第五位字母表示结构特征：D-不滴流；F-分相；L-滤尘用；CY-充油；P-贫油干绝缘；Z-直流；无特征不标注。

第六位为数字，表示铠装层类型，从 0～4 标记共五种：0-无；1-双层细钢丝；2-双钢；3-细钢丝；4-粗钢丝。

第七位为数字，表示外被层类型，从 0～4 标记共五种：0-无；2-无纤维外被；3-聚氯乙烯护套；4-无聚乙烯护套。阻燃电缆在代号前加 ZR；耐火电缆在代号前加 NH。

第八位为数值，表示电缆线芯数目：1-单芯（可不表示，省略）；2-两芯；3-三芯；4-四芯；5-五芯。

第九位为数值，表示电缆截面面积，单位为 mm^2。

第十位为数值，表示电缆长度，单位为 m。

2. 电缆型号及产品表示方法举例

ZLQ20-10-3×120：表示铝芯、纸绝缘、铅包、裸钢带铠装、额定工作电压 10kV、三芯、截面积为 $120mm^2$ 的电力电缆。

ZQF2-35-3×95：表示铜芯、纸绝缘、分相铅包、钢带铠装、额定工作电压 35kV、三芯、截面积为 $95mm^2$ 的电力电缆。

VV42-10-3×50：表示铜芯、聚氯乙烯绝缘、粗钢线铠装、聚氯乙烯护套、额定工作电压 10kV、三芯、截面积为 $50mm^2$ 的电力电缆。

ZR-VLV29-3，3×240+1×120：表示聚氯乙烯绝缘、钢带铠装、阻燃聚氯乙烯护套、额定工作电压力 3kV、三芯、截面积为 $240mm^2$、加一芯 $120mm^2$ 的电力电缆。

YJLV22-3×120-10-300：表示铝芯、交联聚乙烯绝缘、聚乙烯内护套、双层钢带铠装、聚氯乙烯外被层、三芯、截面积为 $120mm^2$、电压为 10kV、长度为 300m 的电力电缆。

VV42-10-3×50：表示铜芯、聚氯乙烯绝缘、粗钢线铠装、聚氯乙烯护套、额定电压 10kV、三芯、截面积为 $50mm^2$ 的电力电缆。

电缆结构代号含义见表 1-1。

例如橡胶电力电缆型号，XLV 表示铝芯橡皮聚氯乙烯护套电缆；XQZ 表示铜芯橡皮绝缘铅套钢带铠装电力电缆。

表 1-1 电缆结构代号含义

绝缘种类		导电线芯		内护层		派生结构		外护层	
代号	含义	代号	含义	代号	含义	代号	含义	代号	含义
Z	纸	L	铝芯	H	橡 套	D	不滴流	0	裸金属铠装（无外被层）
V	聚氯乙烯	T	铜芯（省略）	HF	非燃性护套	F	分相	1	无金属铠装仅有麻被层
X	橡皮	—	—	V	聚氯乙烯护套	G	高压	2	铜带铠装
XD	丁基橡胶	—	—	Y	聚乙烯护套	P	滴干绝缘	3	单层细钢丝铠装
Y	聚乙烯	—	—	L	铝包	P	屏蔽	4	双层细钢丝铠装
YJ	交联聚乙烯	—	—	—	—	—	—	5	单层粗钢丝铠装
—	—	—	—	Q	铅包	Z	直流	6	双层粗钢丝铠装
—	—	—	—	—	—	—	—	1	一级防腐，在金属铠装代号前一位
—	—	—	—	—	—	—	—	2	二级防腐，在金属铠装代号前一位
—	—	—	—	—	—	—	—	9	金属铠装层外加聚氯乙烯护套

注：阻燃电缆暂在前面加 ZR 代号。

3．充油电缆型号及产品表示方法

充油电缆型号由产品系列代号和电缆结构各部分代号组成。自容式充油电缆产品系列代号为CY。外护套结构从里到外用加强层、铠装层、外被层的代号组合表示。绝缘种类、导体材料、内护层代号及各代号的排列次序以及产品的表示方法与35kV及以下电力电缆相同。

充油电缆外护层代号含义为：

（1）加强层：1-铜带径向加强；2-不锈钢带径向加强；3-钢带径向加强；4-不锈钢带径向、窄不锈钢带纵加强。

（2）铠装层：0-无铠装；4-粗钢丝铠装。

（3）外被层：1-纤维层；2-聚氯乙烯护套；3-聚乙烯护套。

例如CYZQ102 220/1×400，则表示铜芯、纸绝缘、铅护套、铜带径向加强、无铠装、聚氯乙烯护套、额定电压220kV、单芯、截面积为400mm^{2}的自容式充油电缆。

4．电力电缆的型号及适用场所和电缆截面

1）电力电缆的型号及适用场所

各型号电力电缆的适用场合，分别见表1-2～表1-8。

表1-2 黏性油浸纸绝缘电力电缆的型号、名称与适用场合

型号	名称	适用场合
ZQ ZLQ	铜芯或铝芯黏性浸渍纸绝缘裸铅套电力电缆	室内、电缆沟及管道中，可适用于易燃、严重腐蚀的环境
ZQ02 ZLQ02	铜芯或铝芯黏性浸渍纸绝缘铅套聚氯乙烯护套电力电缆	架空、室内、隧道、电缆沟及管道中，可适用于易燃、严重腐蚀的环境
ZQ20 ZLQ20	铜芯或铝芯黏性浸渍纸绝缘铅套裸钢带铠装电力电缆	室内、隧道、电缆沟、易燃的环境
ZQ21 ZLQ21	铜芯或铝芯黏性浸渍纸绝缘铅套钢带铠装纤维外被套电力电缆	直埋
ZQ22 ZLQ22	铜芯或铝芯黏性浸渍纸绝缘铅套钢带铠装聚氯乙烯护套电力电缆	室内、隧道、电缆沟、一般土壤、多砾石、易燃、严重腐蚀的环境
ZQ30 ZLQ30	铜芯或铝芯黏性浸渍纸绝缘铅套裸细钢丝铠装电力电缆	竖井、易燃环境
ZQ32 ZLQ32	铜芯或铝芯黏性浸渍纸绝缘铅套细钢丝铠装聚氯乙烯护套电力电缆	一般土壤、多砾石、竖井、水下、易燃、严重腐蚀的环境
ZQ41 ZLQ41	铜芯或铝芯黏性浸渍纸绝缘铅套粗钢丝铠装纤维外被套电力电缆	水下、可承载较大的机械拉力
ZQF20 ZLQF20	铜芯或铝芯黏性浸渍纸绝缘分相铅套裸钢带铠装电力电缆	同ZQ20、ZLQ20（一般用于较高电压等级）
ZQF21 ZLQF21	铜芯或铝芯黏性浸渍纸绝缘分相铅套钢带铠装纤维外被套电力电缆	同ZQ21、ZLQ21（一般用于较高电压等级）

续表

型　号	名　称	适 用 场 合
ZQF22 ZLQF22	铜芯或铝芯黏性浸渍纸绝缘分相铅套钢带铠装聚氯乙烯护套电力电缆	同 ZQ22、ZLQ22（一般用于较高电压等级）

表 1-3　不滴流油浸纸绝缘电力电缆的型号、名称与适用场合

型　号	名　称	适 用 场 合
ZQD ZLQD	铜芯或铝芯不滴流油浸纸绝缘裸铅套电力电缆	室内、电缆沟及管道中，可适用于易燃、严重腐蚀的环境
ZQD02 ZLQD02	铜芯或铝芯不滴流油浸纸绝缘铅套聚氯乙烯护套电力电缆	架空、室内、隧道、电缆沟及管道中，可适用于易燃、严重腐蚀的环境
ZQD20 ZLQD20	铜芯或铝芯不滴流油浸纸绝缘铅套裸钢带铠装电力电缆	室内、隧道、电缆沟、易燃的环境
ZQD21 ZLQD21	铜芯或铝芯不滴流油浸纸绝缘铅套钢带铠装纤维外被套电力电缆	直埋
ZQD22 ZLQD22	铜芯或铝芯不滴流油浸纸绝缘铅套钢带铠装聚氯乙烯护套电力电缆	室内、隧道、电缆沟、一般土壤、多砾石、易燃、严重腐蚀的环境
ZQD30 ZLQD30	铜芯或铝芯不滴流油浸纸绝缘铅套裸细钢丝铠装电力电缆	竖井、易燃环境
ZQD32 ZLQD32	铜芯或铝芯不滴流油浸纸绝缘铅套细钢丝铠装聚氯乙烯护套电力电缆	一般土壤、多砾石、竖井、水下、易燃、严重腐蚀的环境
ZQD41 ZLQD41	铜芯或铝芯不滴流油浸纸绝缘铅套粗钢丝铠装纤维外被套电力电缆	水下、可承载较大的机械拉力
ZQFD20 ZLQFD20	铜芯或铝芯不滴流油浸纸绝缘分相铅套裸钢带铠装电力电缆	同 ZQD20、ZLQD20（一般用于较高电压等级）
ZQFD21 ZLQFD21	铜芯或铝芯不滴流油浸纸绝缘分相铅套钢带铠装纤维外被套电力电缆	同 ZQD21、ZLQD21（一般用于较高电压等级）
ZQFD22 ZLQFD22	铜芯或铝芯不滴流油浸纸绝缘分相铅套钢带铠装聚氯乙烯护套电力电缆	同 ZQD22、ZLQD22（一般用于较高电压等级）
ZQFD41 ZLQFD41	铜芯或铝芯不滴流油浸纸绝缘分相铅套粗钢丝铠装纤维外被套电力电缆	同 ZQD22、ZLQD22（一般用于较高电压等级）

表 1-4　橡皮绝缘电力电缆的型号、名称与适用场合

型　号	名　称	适 用 场 合
XQ XLQ	铜芯或铝芯橡皮绝缘裸铅套电力电缆	室内、隧道及沟管内，不能承受机械外力，铅护套需要中性环境
XQ20 XLQ20	铜芯或铝芯橡皮绝缘铅套裸钢带铠装电力电缆	室内、隧道及沟管内，不能承受大的拉力
XQ21 XLQ21	铜芯或铝芯橡皮绝缘铅套钢带铠装纤维外被套电力电缆	直埋，不能承受大的拉力

续表

型号	名称	适用场合
XQV22 XLQV22	铜芯或铝芯橡皮绝缘聚氯乙烯内护层钢带铠装聚氯乙烯外护套电力电缆	直埋，不能承受大的拉力
XV XLV	铜芯或铝芯橡皮绝缘聚氯乙烯护套电力电缆	室内、隧道及沟管内，不能承受机械外力
XF XLF	铜芯或铝芯橡皮绝缘裸氯丁橡套电力电缆	防火场合，不能承受机械外力

表 1-5 聚氯乙烯绝缘电力电缆的型号、名称与适用场合

型号	名称	适用场合
VV VLV	铜芯或铝芯聚氯乙烯绝缘聚氯乙烯护套电力电缆	室内、隧道及沟管内，电缆不能承受机械外力
VY VLY	铜芯或铝芯聚氯乙烯绝缘聚乙烯护套电力电缆	隧道、管道及严重污染区，电缆不能承受机械外力
VV22 VLV22	铜芯或铝芯聚氯乙烯绝缘钢带铠装聚氯乙烯护套电力电缆	室内、直埋、隧道、矿井，电缆不能承受拉力
VV23 VLV23	铜芯或铝芯聚氯乙烯绝缘钢带铠装聚氯乙烯护套电力电缆	室内、直埋、隧道、矿井及严重污染区，电缆不能承受拉力
VV32 VLV32	铜芯或铝芯聚氯乙烯绝缘细钢丝铠装聚氯乙烯护套电力电缆	室内、直埋、矿井，电缆能承受拉力
VV33 VLV33	铜芯或铝芯聚氯乙烯绝缘细钢丝铠装聚乙烯护套电力电缆	室内、直埋、矿井及严重污染区，电缆能承受拉力
VV42 VLV42	铜芯或铝芯聚氯乙烯绝缘粗钢丝铠装聚氯乙烯护套电力电缆	室内、直埋、矿井，电缆能承受较大拉力
VV43 VLV43	铜芯或铝芯聚氯乙烯绝缘粗钢丝铠装聚乙烯护套电力电缆	室内、直埋、矿井及严重污染区，电缆能承受较大拉力
NH-VV NH-VLV	耐火铜芯或铝芯聚氯乙烯绝缘聚氯乙烯护套电力电缆	室内、医院、控制指挥中心等重要场合，电缆能承受短时火焰作用

表 1-6 交联聚乙烯绝缘电力电缆的型号、名称与适用场合

型号	名称	适用场合
YJV YJLV	铜芯或铝芯交联聚乙烯绝缘聚氯乙烯护套电力电缆	室内、隧道、管道、电缆沟管及地下直埋等
YJV22 YJLV22	铜芯或铝芯交联聚乙烯绝缘钢带铠装聚氯乙烯护套电力电缆	室内、隧道、电缆沟管及地下直埋等
YJV32 YJLV32	铜芯或铝芯交联聚乙烯绝缘细钢丝铠装聚氯乙烯护套电力电缆	高落差、竖井等
YJV42 YJLV42	铜芯或铝芯交联聚乙烯绝缘粗钢丝铠装聚氯乙烯护套电力电缆	海底电缆，能承受大的拉力

续表

型　号	名　称	适用场合
DL-YJV	铜芯交联聚乙烯绝缘低烟低卤阻燃聚乙烯电力电缆	宾馆、写字楼、娱乐场所等的室内，燃烧气体毒性小
DL-YJV22	铜芯交联聚乙烯绝缘钢带铠装低烟低卤阻燃聚乙烯电力电缆	宾馆、写字楼、娱乐场所等的室内，能承受机械外力，燃烧气体毒性小
DL-YJV32	铜芯交联聚乙烯绝缘细钢丝铠装低烟低卤阻燃聚乙烯电力电缆	宾馆、写字楼、娱乐场所等的室内，可承受拉力，燃烧气体毒性小
WL-YJV	铜芯交联聚乙烯绝缘低烟无卤阻燃聚乙烯电力电缆	宾馆、写字楼、娱乐场所等的室内，燃烧气体无毒
WL-YJV22	铜芯交联聚乙烯绝缘钢带铠装低烟无卤阻燃聚乙烯电力电缆	宾馆、写字楼、娱乐场所等的室内，能承受机械外力，燃烧气体无毒
WL-YJV32	铜芯交联聚乙烯绝缘细钢丝铠装低烟无卤阻燃聚乙烯电力电缆	宾馆、写字楼、娱乐场所等的室内，可承受拉力，燃烧气体无毒
GZR-YJV	铜芯交联聚乙烯绝缘隔氧层阻燃电力电缆	宾馆、写字楼、娱乐场所等的室内
GZR-YJV22	铜芯交联聚乙烯绝缘钢带铠装隔氧层阻燃电力电缆	宾馆、写字楼、娱乐场所等的室内，能承受机械外力
GZR-YJV32	铜芯交联聚乙烯绝缘细钢丝铠装隔氧层阻燃电力电缆	宾馆、写字楼、娱乐场所等的室内，能承受拉力

2）电缆截面图的概念

各厂的电缆制造规范并不完全一致，即使类型、电压等级及导体截面相同，其结构尺寸也难完全一样，因此，每种电缆都必须有一张截面图，其图上应注明需要的参数，图的比例为1：1，这张图对于接头设计计算以及敷设在特殊要求的地方的电缆附件的设计等都有用处。电缆截面图上还须记载制造厂名、采购日期、采购数量和装置使用地点等，以供将来统计参考之用。

1.2 电力电缆的基本结构

1.2.1 电力电缆的导电线芯

目前，电缆的产品和型号有数千种。电力电缆可按电缆绝缘材料、电缆的结构特点、电缆线芯数目或电能输送方式等分类。

【知识拓展】 电力电缆的分类

电力电缆按绝缘材料分为油浸纸绝缘、橡胶绝缘和塑料绝缘等。

电力电缆按电缆结构特点分为统包型（又称带绝缘电缆）、分相型（分相屏蔽型、铅包型和分相铝包型）、钢管型、扁平型、自容型等。

电力电缆按电缆传输电流方式分为交流和直流电缆。

组成电力电缆的基本结构，主要是线芯、绝缘层和外护层三部分。为了保护绝缘和防止高电场对外产生辐射干扰通信等，还包括金属护层并要求接地。对于多芯电缆，为方便制作

成型，在其电缆绝缘线间还增加有填芯和填料。

1. 导体材料及性能

电力电缆的导电线芯，简称导线，其作用是用来传输电流（交流或直流），是电缆的主要部分。为了起到减少线路损耗和降电压的作用，电力电缆的导电线芯主要采用具有高导电性能的，有一定的抗拉及伸长强度的防腐蚀、易焊接的铜、铝材料制成。铜的电导率大，机械强度高，易于进行压延、拉丝和焊接等加工。所以，铜是电缆导体最常用的一种材料。铝的电导率仅次于银、铜和金，它是地壳中含量最多的金属元素，所以用来代替铜作为导电材料。表 1-7 是铜和铝的主要性能比较。钢导电线芯也具有可取之处；但目前主要使用铜和铝导电线芯。

表 1-7　铜和铝的主要性能比较

性　能	铜	铝
20℃时的密度	8. 89g/cm^3	2.70g/cm^3
20℃时的电阻率	1.724×10^{-8}Ω·m	2.80×10^{-8}Ω·m
电阻温度系数	0.00393/℃	0.00407/℃

2. 电缆线芯绞合形式

为了增加电缆的柔软性和可曲度，电缆导体一般由多根导线绞合而成。采用绞合导体结构，是为了满足电缆的柔软性和可曲度的要求。当导体沿某一半径弯曲时，导体中心线圆外部分被拉伸，中心线圆内部分被压缩，绞合导体中心线内外两部分可以相互滑动，使导体不发生塑性变形。

按线芯的绞合方式，可分规则绞合和不规则绞合（束绞）。

导线有规则、同心地相继，各层依不同方向的绞合，称为规则绞合。采用这种方式的线芯绞合结构稳定，电力电缆大都采用这种绞合方法。规则绞合还可分正常规则绞合和非正常规则绞合。正常规则绞合，指所组成导线直径均相同的规则绞合，这种绞合具有稳定性高、几何形状固定的优点。非正常规则绞合，指层与层间的导线直径不尽相同的规则绞合。

所有组成导线都依同一方向的绞合，称为不规则绞合（束绞），仅用于小截面的低压电缆。

3. 线芯的填充系数

线芯绞合后，虽经紧压，单线间必定还有空隙。故引入填充系数，即线芯导体实际截面与线芯轮廓截面之比。对于圆形绞合线芯的填充系数如公式 1-1 所示：

$$y=\frac{\sum_{i=1}^{z}A_i}{\frac{\pi}{4}D_c^2} \tag{1-1}$$

式中 A_i——每根单线截面积，单位为 mm^2；

z——线芯单线总根数；

D_c^2——绞合线芯外接圆的直径，单位为 mm。

4. 电缆线芯典型结构

电缆导电线芯，按导体截面分圆形、椭圆形、扇形、中空圆形等形状，如图 1-2 所示。较小截面（<16mm^2）的导电线芯由单根导线制成。较大截面（>25mm^2）的导电线芯由多根导线分数层绞合制成，绞合时相邻两层扭绞方向左右相反。

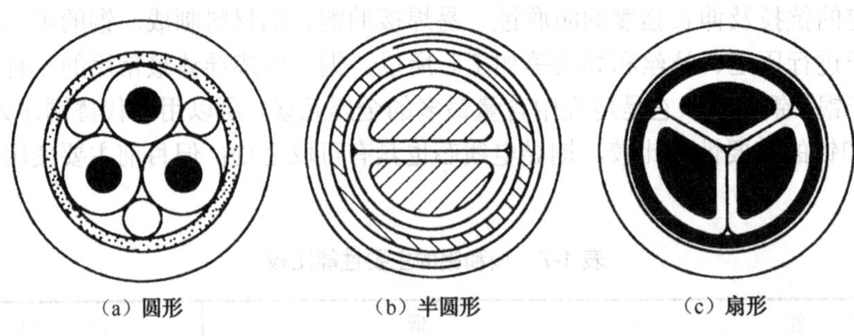

（a）圆形　（b）半圆形　（c）扇形

图 1-2　电缆线芯形状

圆形线芯，即中心为一根的规则绞合线芯。圆形线芯主要用于 35kV 级的分相屏蔽型电力电缆，或用于电压级很低且线芯截面积较小的电缆。

充油电缆或充气电缆的线芯一般都呈中空圆形的线结构。用于充油电缆的中空圆形线芯主要有两种结构：第一种用一镀锡硬铜带（6mm×1mm）做成的螺旋（螺旋节距一般为 9mm）支撑，支撑的直径由（一般为 12mm）所需油道大小来确定，如图 1-3（a）所示。

第二种由型线绞合而成，第一层为 Z 形线，第二层及以上用弓形线绞合，如图 1-3（b）所示。为了使线芯中心油道与绝缘相通，在 Z 形线内边缘相距离 1～3mm 处刻有深 0.3～0.4mm 的刃槽（如图 1-3（b）虚线所示）。

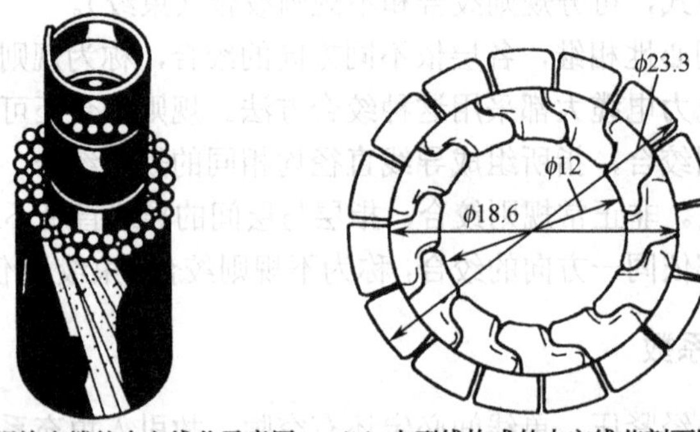

（a）具有螺旋支撑的中空线芯示意图　（b）由型线构成的中空线芯剖面图

图 1-3　充油电缆的中空圆形线芯结构

这两种结构各有其优点，线型结构省材料（没有中心支撑螺旋）、稳定性好、不易变形、油道内表面光滑，在制造过程中遗留的脏物容易被油冲洗带出。螺旋结构的柔软性，工艺性较好。

扇形芯，主要用于电压等级较低而截面积较大的电缆。绝缘线芯成缆后为圆形，减少了电缆的体积，使结构紧凑，成本降低。一般截面积为 10～16mm^2 的扇形芯由相同直径的圆形线绞合而成。

对于 10～110kV 的电缆导体（导电线）一般都做成扇缆，即采用如图 1-2（c）所示的扇

形截面。这样一来就可充分利用空间，缩小电缆外径绝缘和护层材料，另外与同截面的圆形线芯电缆相比可降低 10%～20%的成本。三芯电缆扇形绞合线芯的结构形式有两种：一种是中心对称排列 6 根单线，外面再绞上一层（12 根）单线的结构。通常只用于 25～95mm^2 的电缆中；第二种是中心为 7 根单线和 2 根纵线，外面再绞复一层或两层单线。一般 95、120mm^2 为一层绞线，120mm^2 或 150mm^2 以上采用两层绞线。这种结构形式稳定性好但需绞合的次数多，生产工艺比较复杂，通常用于截面面积为 95～240mm^2 的电缆中。两芯和四芯电缆的扇形导体以及圆形导体，其绞合线芯的单线排列与三芯电缆扇形绞合线芯基本相同。

5. 电缆线芯截面大小

电缆导线有各种截面面积。在施工现场需要核对电缆导线的截面时，可以先测量一下电缆导线外形尺寸，再与电缆各等级标准截面的尺寸进行比较，然后根据经验判定所用电缆导线的面积。我国根据导电线芯的不同，规定中、低电缆截面有 2.5、4、6、10、16、25、35、50、120、150、185、240、300、400、500、630、800mm^2 等 19 种规格，目前最常用的是 16～400mm^2 之间的 10 种规格。电压为 110kV 及以上的电缆截面有 100、240、400、600、700、845、920mm^2 共 7 种规格，并已有 1000mm^2 及以上规格。

1.2.2 绝缘层及材料

20 世纪 80 年代之前，电力电缆的绝缘层几乎全为油浸纸绝缘，随着我国电力工业的快速发展，现今，各个电压等级电力电缆中几乎全都采用聚乙烯绝缘电缆。但油纸绝缘的优良性能，以及多年使用中建立起来的可靠性和丰富的运行经验，是其他电缆所不及的，故仍占有一定份额，特别是超高压电力电缆仍然大量采用油浸纸绝缘。

电力电缆绝缘层的主要性能应具有较高的击穿强度、较低的介质损耗角正切、极高的绝缘电阻、优良的耐树枝放电性能，具有一定的柔软性、机械强度和满足电缆绝缘性能，长期安全稳定。

【知识拓展】 树枝放电是电缆的一种老化过程，是指电缆在运行过程中，绝缘易造成老化破坏，主要是由于绝缘内部放电产生细微开裂，形成细小的通道，其通道内空、管壁上有放电产生的碳粒痕迹，呈现出冬天树枝状，分支少而清晰。

电缆绝缘层的作用是将线芯与大地以及线线间在电气上彼此隔离，从而保证电能的输送，因此是电缆结构中不可缺少的组成部分。电缆的绝缘层材料有油浸纸、橡胶、纤维、塑料等。电缆绝缘结构分相绝缘和带绝缘两种。相绝缘是每个线芯的绝缘；带绝缘是将多芯电缆线芯合在一起，然后施加的绝缘，这样可使线芯相互绝缘并与外皮隔开。为了抵抗电流、电压、电场对外界的作用，保证电流沿线路方向传输，同时将电缆线芯导体相互之间以及与防护层之间保持一定的绝缘，电缆绝缘层必须有一定的厚度。

1. 油浸绝缘纸

油浸纸绝缘，包括黏性浸渍纸绝缘型（统包型、分相屏蔽型）、不滴流浸渍纸绝缘型（统包型、分相屏蔽型）、贫乏浸渍干绝缘、充油浸渍纸绝缘型（自容式充油电缆、钢管充油电缆）、充气黏性浸渍纸绝缘型（自容式充气电缆、钢管充气电缆）。

【知识拓展】 20 世纪 80 年代以前，油浸纸一直是电力电缆制造业使用的主要绝缘材料。纸绝缘电缆的绝缘层是采用窄条电缆纸带（通常纸宽为 5～25mm），—层层地包绕在电缆导体上，经过真空干燥后浸渍矿物油或合成油而形成的。纸带的包绕方式，除紧靠导体和绝缘层最外的几层外，均采用间隙式绕包，这使电缆在弯曲时，在纸带层间可以相互移动，在沿半径为电缆本身半径的12～25倍的圆弧弯曲时，不至于损伤绝缘。

电缆纸是木质纤维纸，经过绝缘浸渍剂浸渍之后成为油浸纸。油浸纸绝缘实际上是木质纤维素与浸渍剂的夹层结构。35kV及以下的油浸纸绝缘电缆采用黏性浸渍剂，即松香光亮油复合剂。这种黏性浸渍剂的特性是，在电缆工作温度范围具有较高的黏度以防止流失，而在电缆浸渍温度下，则具有较低的黏度，以确保良好的浸渍性能。

电缆纸的主要组成成分是纤维素（$C_6H_{10}O_5$）$_n$。纤维素具有很高的稳定性能，不溶于水、酒精、醚、萘等有机溶剂。因此，就油浸纸而言，具有以下特点：耐压强度高；介质损耗低；化学性能稳定；价格便宜，且使用寿命长；耐电晕性能好；耐热性能较好，长期允许运行温度达65℃。

2. 塑料绝缘

塑料绝缘主要有聚氯乙烯、聚乙烯和交联聚乙烯等。

【知识拓展】 聚氯乙烯、聚乙烯和交联聚乙烯的特性

聚氯乙烯塑料是以聚氯乙烯树脂为主要原料，加入适量配合剂、增塑剂、稳定剂、填充剂、着色剂等经混合塑化而制成的。聚氯乙烯具有较高的电气性能和较高的机械强度，具有耐酸、耐碱、耐油性能，工艺性能也比较好。缺点是耐热性能较低，绝缘电阻率较小，介质损耗较大，因此只能用于6 kV及以下的电缆绝缘。

聚乙烯具有优良的电气性能，介电常数小、介质损耗小、加工方便。缺点是耐热性差、机械强度低、耐电晕性能差。

交联聚乙烯是聚乙烯经过交联反应后的产物。采用交联的方法，将线形结构的聚乙烯加工成网状结构的交联聚乙烯，从而改善了材料的电气性能、耐热性能和机械性能。

聚乙烯交联反应的基本机制是，利用物理的方法（如用高能粒子射线辐照）或者化学的方法（如加入过氧化物化学交联剂，或用硅烷接枝等）来夺取聚乙烯中的氢原子，使其成为带有活性基的聚乙烯分子。而后带有活性基的聚乙烯分子之间交联成三度空间结构的大分子。

用作高压电缆绝缘的氯乙烯绝缘层的特性，主要表现在以下几方面：

（1）光热老化、氧化性能低，耐电晕性能比聚氯乙烯绝缘层低得多；

（2）由于分子间吸引力小，其熔点低、耐热性能低、机械强度不高、蠕变大；

（3）在某些环境下，如雨水或有机溶剂的浸透下，即使所受应力比其机械强度小得多，也会产生裂纹，即容易产生环境应力开裂；

（4）容易形成气隙，为克服这种现象的出现，制作时加各种相应的添加剂，进行改善。

3. 橡胶绝缘

橡胶绝缘层常用的材料有天然橡胶、丁基橡胶和乙丙橡胶三种。

【知识拓展】 橡胶绝缘的特性

它们具有电气性能较好、吸水性低和柔软性好等优点，但是橡胶的耐热性差，并且容易受热空气和油类的影响而损坏。乙丙橡胶是一种合成橡胶，用作电缆绝缘的乙丙橡胶由乙烯、丙烯和少量第三单体共聚而成。乙丙橡胶具有良好的电气性能、耐热性能、耐臭氧和耐气候性能。缺点是不耐油，可以燃烧。

4. 其他材料

1）浸渍剂

采用浸渍剂的目的是为了加强和提高电缆的绝缘水平。浸渍纸绝缘的浸渍剂可分两大类：黏性浸渍剂和充油电缆用的浸渍剂。

浸渍剂是由光亮油和松香等组成的混合物，主要用于中低压油浸渍纸绝缘电力电缆。由于现代化学工业的发展，松香将逐步由合成微晶蜡代替。黏性浸渍剂根据其黏性强弱也有两大类：一种黏性较低，其在工作温度下是流动的，受到电缆敷设落差的限制，常用于普通的油浸渍纸绝缘电缆；另一种黏性强，其在工作温度下不流动，不受电缆敷设落差限制，用于不滴流电缆，它在工艺温度时具有良好的流动性，可以保证电缆绝缘纸得到充分的浸渍，但在电缆运行温度范围内，它不能流动而成为塑性固体。它的电气性能与黏性浸渍剂不相同，在 80℃以下是不流动的塑性体。常用的黏性浸渍剂有两种配方：一种是松香光亮油复合剂；另一种是不滴流电缆用浸渍复合剂，一般用的松香光亮复合剂松香占 30%～35%；光亮油占 65%～70%。

根据使用要求，电缆用的黏性浸渍剂必须满足：①介质损耗低；②不易老化和氧化；③不易受外界污染和不易产生游离。

2）电缆绝缘用气体

在充气电缆中，气体也是绝缘或绝缘层的组成部分。一般要求气体绝缘具有高的击穿强度、化学稳定性和不燃性。通常，电缆绝缘用氮气和六氟化硫气体（SF_6）及氟利昂-12 气体（CCl_2F_2）。六氟化硫气体，具有很高的热稳定性和化学稳定性，在 150℃条件下，不与水、酸、碱、卤素、氧、氢、碳、银、铜和绝缘材料起作用，在 500℃下不分解。另外，该气体还具有良好的绝缘性能和灭弧能力，它的击穿强度为氮气或空气的 2.3～3 倍，在 3～4 个大气压下，其击穿强度与一个大气压下的变压器油相似。因此，近年来许多高压开关采用六氟化硫气体。不过在火花放电和电弧的高温作用下，六氟化硫气体会分解出氟原子和某些有毒的低氟化合物，一经水解，将产生氟化氢等有强烈腐蚀性的剧毒物质。因此，在使用六氟化硫时必须严格注意防潮。

1.2.3 护层

电缆护层的作用是保护电缆绝缘层在敷设、运行过程中，免受机械损伤和各种环境因素（如水、日光、生物、火灾等）引起的破坏，以保证电缆长期稳定的电气性能。所以作为电缆三大组成部分的护套的质量会直接影响到电缆的使用寿命。

为使电缆适应各种使用环境的要求，在电缆绝缘层上施加的保护覆盖层，叫做电缆护层，简称护层，由内护层和外护层两部分组成。

1. 护层结构

1）外护层

外护层主要是保护内护层免受外界的影响和机械损伤，如在运输安装、敷设、运行中保护电缆线芯、绝缘浸渍物，避免机械损伤、受潮、渗漏外流、腐蚀等。外护层一般由内衬层、铠装层和外被层三部分组成，有的还有加强层。

外护层在铠装层外面，是电缆的最外层，主要对铠装层起防腐蚀保护作用。对于铝包电缆、自容式充油电缆和交联聚乙烯电缆采用挤塑护套为宜；对于铅包电缆，则由一层预浸的电缆麻布或油麻带和丙基沥青混合物组成。

外被层按防水性能可分为一级外护层、二级外护层及三级外护层。一级外护层、二级外护层，对金属护套和金属铠装分别具有可靠的防腐蚀作用。普通外护层是仅有一般防腐蚀性能的外护层。

另外，为了防止电缆相互间的粘合及施工人员粘手，在电缆外护层上涂粘有白垩粉。

2）铠装层

铠装层用来减少机械力对电缆的影响，位于内护层与外被层之间的同心层，是用来承受作用到电缆上的机械力（抗压或抗张）的保护层，同时也起电场屏蔽和防止外界电磁波干扰的作用。根据电缆的使用场合不同，铠装层通常采用粗圆钢丝、弓形钢丝、细圆钢丝或由两条钢带、两条铜带螺旋绕包组成。钢带铠装层的主要作用是抗压，适用于地下埋设的场合；钢丝铠装层的主要作用是抗拉，主要用于水下或垂直敷设的场合。铠装电缆的材料有冷轧钢带、镀锌钢带和涂塑钢带。

【知识拓展】 铅护套与铝护套

铅护套是最早使用的金属护套材料。它具有以下特性：

（1）腐蚀性比一般金属好，不易受酸、碱等物质的腐蚀；

（2）密封性能好、不透气、不透潮；

（3）铅的熔化点低，易于加工；

（4）具有蠕变性好、疲劳龟裂性好，不影响电缆的可曲性等优点。铅护套的缺点是在落差较大或过载的情况下，铅包电缆常常会发生护套胀破、漏油等故障，因此现多为铝护套所代替。

铝护套是铅护套的代用材料。与铅相比，它主要具有以下优点：

（1）密度小（铝的比重还不到铅的 1/4）、机械强度高（强度几乎是铅的 5 倍）、资源丰富、价格便宜；

（2）导电、导热、屏蔽性能优越；

（3）敷设在振动场所也不需要防震装置。

可见，铝不仅在经济上，更在性能上比铅优越，能避免铅护套的缺陷，因此，在电缆金属护层中，大力推广铝护套。

3）内护层

内护层位于铠装层和金属护套之间的同心层，起到使铠装衬垫和金属护套防腐蚀的作用。内护层有两种结构形式：一种是用一层预先浸渍的电缆麻布或塑料软性织物，上面包一层由95%号沥青和 5%干沥青的材料组成的浸渍剂；另一种是用三层预先浸渍的电缆纸等重复包两次制成，只用在钢带铠装电缆中。

4）加强层

它是充油电缆所特有的结构，直接包绕在内护层外，以增强内护层的机械强度，一般用铜带或不锈钢带作为材料。加强层要求有一定的机械强度、柔韧性和不易腐蚀的特性。

2. 护层材料

护层材料主要有金属护层、橡胶塑料护层和组合护层三大类。铅、铝护套多用于油浸纸绝缘电缆；橡、塑护套多用于橡、塑类绝缘电缆。

橡塑料护层，可以节约有色金属，但因其具有一定透过性，故还不可能完全取代金属护层。橡塑料护套的特点是机械强度、弹性和柔软性较高，有一定的透气性，但工艺复杂。它仅能在具有高耐湿性的高聚物材料作为电缆绝缘时应用。因为材料本身结构的不紧密性，所以与金属材料不同，当橡塑材料间存在着气体压力差时，气体将从压力大的一面沿着橡塑材料的内部向压力小的一面透过。这种让气体透过的能力称为橡塑材料的透气性。塑料护套的防水性、耐药品性较好，且资源丰富、价格便宜、加工方便，应用比较广泛。

组合护层也称为综合护层。它的最大优点是柔软轻便、透气性比橡塑护层差，兼具橡塑护层和金属护层的优点，在橡塑绝缘电缆及光缆上的应用将日益广泛。阻燃（包括无卤低烟）、耐火、耐辐照以及防白蚁等特种护层，在我国也已付诸使用。而防腐蚀性能较差的油麻沥青外护层已逐渐被淘汰使用。

组合护层，通常用金属带与塑料组合构成，最常用的材料是铝带和聚乙烯。按结构的不同分为铝—聚乙烯组合护层、铝—钢—聚乙烯组合护层和铝—聚乙烯黏结组合护层三类，组合护层的结构示意图如图 1-4 所示。

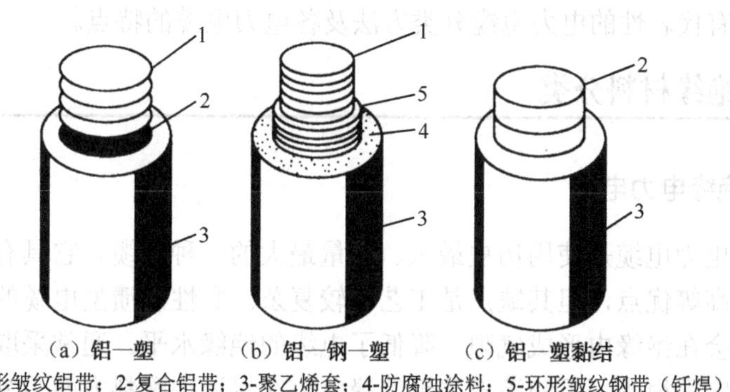

1-环形皱纹铝带；2-复合铝带；3-聚乙烯套；4-防腐蚀涂料；5-环形皱纹钢带（钎焊）

图 1-4　组合护层的结构示意图

1.2.4　电缆屏蔽层

电缆的屏蔽层可以分为内半导电屏蔽层、外半导电屏蔽层和金属屏蔽层。所谓“屏蔽”，实质上是一种改善电场分布的措施。

1．内半导电屏蔽层、外半导电屏蔽层

电缆导体由多根导丝绞合而成，它与绝缘层之间易形成气隙，导体表面不光滑，会造成电场集中。在导体表面加一层半导电材料的屏蔽层，它与被屏蔽的导体等电位，并与绝缘层良好接触，从而避免在导体与绝缘层之间发生局部放电，这一层为内半导电屏蔽层。

在绝缘表面和护套接触处也可能存在间隙，电缆弯曲时，电缆绝缘表面易造成裂纹，这些都是引起局部放电的因素。在绝缘层表面加一层半导电材料的屏蔽层，它与被屏蔽的绝缘层有良好接触，与金属护套等电位，从而避免在绝缘层与护套之间发生局部放电，这一层为外半导电屏蔽层。

半导电屏蔽层的材料是半导电材料，其体积电阻率为 10^3～$10^6\Omega\cdot$m。油浸纸绝缘电缆的屏蔽层为半导电纸，这种纸是在普通纸中加入了适量胶体炭黑粒子。半导电纸还有吸附离子的作用，有利于改善绝缘电气性能。半导电屏蔽层厚度一般为 1～2mm，根据国家标准，10kV

及以下电缆的外半导电层为可剥离层，35kV 以上为不可剥离层，这种要求的主要原因是因为可剥离层的存在使电缆抗局部放电能力降低，会在微小局部造成气隙。

2. 金属屏蔽层

电缆金属屏蔽层又称铜带屏蔽，它将对电缆故障电流提供回路并提供一个稳定的地电位，铜带（丝）的截面可按故障电流大小、持续时间，以及接地为一端还是两端选定。

塑料、橡皮绝缘电缆的导体或绝缘屏蔽材料分别采用半导电塑料和半导电橡皮。对于无金属护套的塑料、橡皮绝缘电缆，在绝缘屏蔽外还包有屏蔽铜带或铜丝。

值得一提的是，绝缘体与半导电体的区别是导体的电阻率不同。

1.3 电力电缆的类型

电力电缆，可按电缆绝缘材料、电缆的结构特点、电缆线芯数目或电能输送方式等分类。以下介绍三种具有代表性的电力电缆分类方法及各电力电缆的特点。

1.3.1 按所用绝缘材料分类

1. 油浸纸绝缘电力电缆

油浸纸绝缘电力电缆是使用历史最久、用量最大的一种电缆。它具有使用寿命长、价格便宜、热稳定性高等优点，但其缺点是工艺比较复杂。黏性浸渍型电缆的浸渍剂容易淌流，因而不可避免地会在绝缘内形成气隙，降低了电缆的绝缘水平。通常采取消极的补救措施，即把敷设位差限定得很小。不滴流浸渍纸绝缘电缆在浸渍和配料方面要复杂些，浸渍周期也较长，但基本解决了浸渍剂的淌流问题，在技术及经济层面则更为合理。

油浸纸绝缘电力电缆是指绝缘层为油浸纸的电缆，绝缘层是以一定宽度的电缆纸螺旋状地包绕在导电线芯上，经过真空干燥处理后用浸渍剂浸渍而成。常用油浸纸绝缘型电缆分黏性浸渍纸绝缘电力电缆、不滴流纸绝缘电力电缆和滴干纸绝缘电力电缆。

1）黏性浸渍纸绝缘电力电缆

该型电力电缆浸渍剂黏度较高，在电缆工作温度范围内不易流动，但在浸渍温度下具有较低黏度，可保证良好浸渍黏性。浸渍剂一般由光亮油和松香混合而成（光亮油占 65%～70%，松香占 30%～35%）。不少国家采用合成树脂（如聚异丁烯）代替松香，与光亮油混合成低压电缆浸渍剂。

黏性浸渍纸绝缘电力电缆按结构可分为带绝缘型（统包型）与分相屏蔽（铅包）型、分相铅包结构。

（1）扇形线芯三芯统包绝缘电力电缆。其结构如图 1-5 所示，在各导电（铜或铝制成）线芯外包有纸绝缘，绝缘厚度依电压而定。多根电缆导电线芯绞合成缆时用无潮麻或纸填充成圆形，再在圆形外面用纸绝缘统包（见图 1-5 中的 4）起来，因此称为统包型电力电缆。该型电缆的特点是：

① 制造质量比较稳定，具有很长的制造历史和丰富的运行经验；

② 成本低、使用寿命长；

③ 结构简单、制造方便；

④ 易于安装维护。

其不足之处是：

① 绝缘油易滴流，不宜作高落差敷设，这是因为电缆绝缘线芯周围有填充物；含有大量的浸渍剂，当电缆运行温度降低时，浸渍剂的体积缩小，填料中会形成气隙，在电场的作用下易产生气体游离；当敷设有较大落差时，浸渍剂会沿电缆向下流动，易使低端护套内油压加大，其至造成低端电缆终端头漏油，高端绝缘干涸，绝缘水平下降。

② 由于多芯电缆之间电场分布不均匀，在绝缘中产生正切应力，这将逐渐导致绝缘强度降低，因此允许电场强度低；不宜作太高电压的电力传输，一般只用于 10kV 及以下电压等级和落差不大的电力电缆线路中。

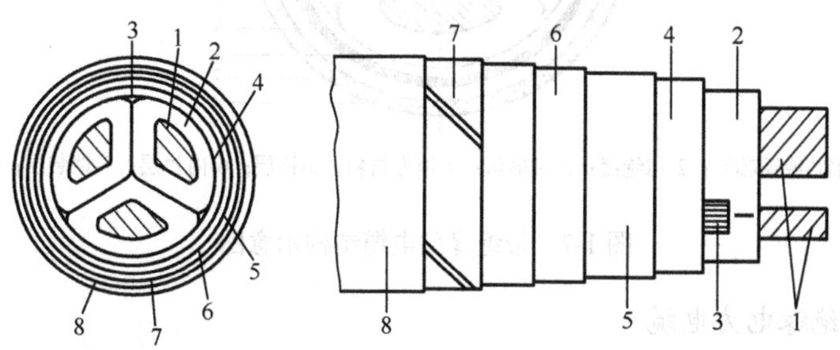

1-导电线芯；2-线芯绝缘；3-绝缘；4-统包绝缘；5-内护套；6-内衬层；7-铠装层；8-外被层（外护层）

图 1-5　扇形线芯三芯统包绝缘电力电缆结构图

（2）黏性浸渍纸绝缘分相屏蔽型电力电缆。其结构如图 1-6 所示。首先将每个绝缘线芯外用一层打孔的金属化纸（半导纸），或用铅包或铜带间隙式绕包形成金属屏蔽，再将三个带金属屏蔽的绝缘线芯绞合成缆，填充成圆形并用铜丝编织的纤维带孔扎紧，然后挤压金属套。分相屏蔽型电力电缆主要用于 20～30 kV 填充处也存在着电场的线路中。

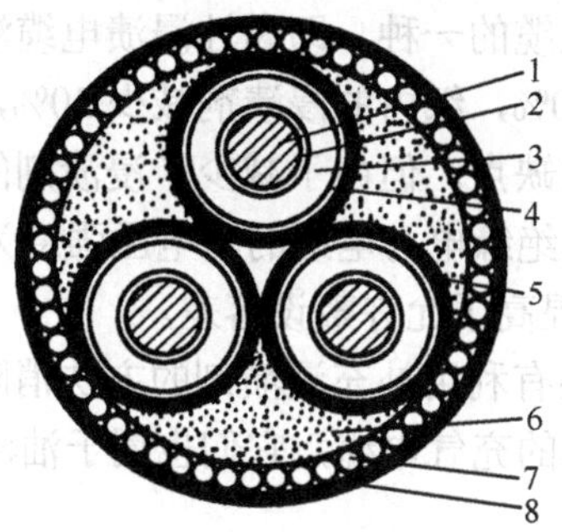

1-导电线芯；2-相绝缘；3-带绝缘；4-填充材料；5-铅层；6-内衬层；7-铠装；8-外被层

图 1-6　黏性浸渍纸绝缘分相屏蔽型电力电缆结构示意图

（3）带绝缘型电缆。其结构如图 1-7 所示，每根导电线芯上包绕一定厚度的纸绝缘（相绝缘）层，然后将三根绝缘线心绞合在一起，再统包一层绝缘层（带绝缘），其外共用一个金属护套。

为了克服带绝缘的这些缺点，较高电压等级（如 35kV 级）电缆均采用分相屏蔽型的电力电缆，即每相均分别包以铅套或金属化纸作为金属屏蔽层分相静电屏蔽，接地后电位为零，绝缘中电力线径向分布，消除了场强的切向分量。分相屏蔽后再成缆，填充处也无电场的作用。

黏性浸渍纸绝缘分相型电力电缆与黏性浸渍统包型电缆相比，除浸渍剂的特性和配方不同外，其他并无不同之处。但因它在工作温度下浸渍剂具有不滴流的性质，又称为不滴流浸渍电缆，是我国当前极力推广的一种产品。该产品的结构、尺寸与滴干纸绝缘电缆相同。

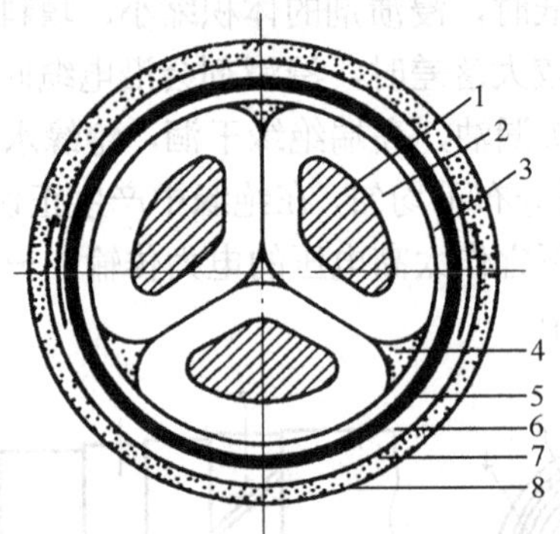

1-导体（铝芯或铜芯）；2-相绝缘；3-带屏蔽；4-填充材料；5-铅层；6-内衬层；7-铠装层；8-外被层

图 1-7　带绝缘型电缆结构示意图

2）不滴流纸绝缘电力电缆

不滴流纸绝缘电力电缆与黏性浸渍纸绝缘电缆的差别主要是它的浸渍剂在工作温度范围内不流动，呈塑性固体状，而在浸渍温度下黏度降低能保证充分浸渍。这种电缆敷设落差不受绝缘本身限制。它将逐步取代黏性浸渍纸绝缘电缆。

黏性浸渍、滴干、不滴流均属黏性浸渍型绝缘，由于组成它的固体材料纸与浸渍剂热膨胀系数相差很大，在制造和运行过程中因温度的变化不可避免地会产生气隙，而气隙是破坏电缆的主要原因之一。因此，黏性浸渍型纸绝缘电缆只能用于 35kV 以下电压等级的线路中。

3）滴干纸绝缘电力电缆

它是黏性浸渍纸绝缘电力电缆的一种，即黏性浸渍电缆浸渍后增加一道滴干工艺过程，使黏性浸渍纸间的浸渍剂减少 70%，纸内的浸渍剂减少 30%，以消除黏性浸渍纸绝缘电缆在高落差敷设时产生浸渍剂流动的缺点。但由于减少了浸渍剂的含量，绝缘的耐电强度降低。例如，绝缘厚度相同时，滴干纸绝缘电力电缆的耐电压强度为 6kV，而黏性浸渍纸电缆的耐电压强度为 10kV，仅前者大大提高了允许敷设落差。

除上述几种电力电缆外，还有利用补充浸渍剂的方法消除电缆中气隙的钢管充油电缆和用滴干纸绝缘充以一定压力气体的充气电缆，它们也属于油浸纸绝缘电缆。

2. 橡塑电力电缆

以高分子聚合物作为绝缘的电力电缆称为橡塑电力电缆。

橡塑电缆的绝缘层采用绝缘强度高的可塑性材料（如橡胶、聚氯乙烯、聚乙烯和交联聚乙烯等），在一定的温度和压力下用挤注的方式制成。它的半导电层和绝缘层一样，是一种半导电的橡塑材料，基本上与绝缘层同时挤出成型。这种电缆无论多长，其每相的绝缘层均为一个整体，又称为整体绝缘层电缆。

1）橡胶绝缘型电缆

橡胶绝缘型电缆是指主要由天然橡胶加不同的添加剂组成的各种橡胶绝缘层构成的电缆（如图 1-8 所示），电缆导体和绝缘表面均有屏蔽层。橡胶电缆的护套有聚氯乙烯、氯丁橡胶

和铅护套三种。

用乙烯和丙烯经催化剂合成的橡胶作为绝缘的一种固体挤压聚合电缆，称为乙丙橡胶电缆，简称 EPR 电缆。由于乙丙橡胶的介质损耗系数大，因此只用在电压等级低于 138kV 的电力电缆线路中。

橡胶绝缘型电缆，主要用于发电厂、变电站和工厂企业内部的连接线。这种电缆突出的优点是柔软、可挠性好，特别适宜于移动性的用电与供电装置。目前应用最多的还是 0.6/1kV 级的产品，6～35kV 级供移动或半移动以及特殊场合使用的合成橡胶绝缘的电力电缆产品（如乙丙橡胶、丁基橡胶绝缘电力电缆）正在发展中。

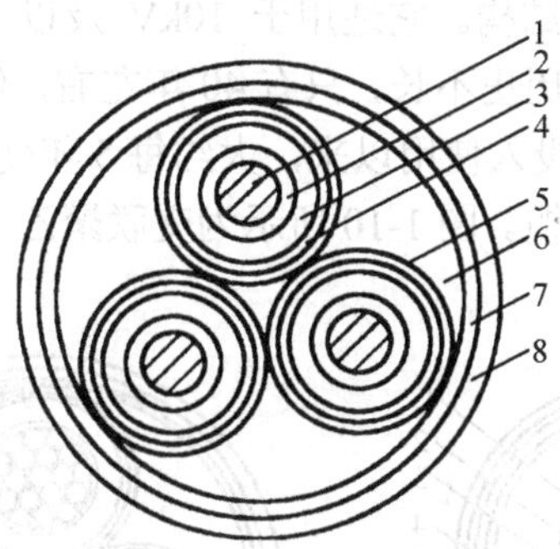

1-导线；2-线芯屏蔽层；3-橡胶绝缘层；4-半导电屏蔽层；5-铜带屏蔽层；6-填料；7-橡胶布带；8-聚氯乙烯外护套

图 1-8 橡胶绝缘电力电缆结构图

2）塑料绝缘电力电缆

塑料绝缘电力电缆由于制造工艺简单，没有敷设落差的限制，工作温度可以提高，电缆的敷设、维护、接续比较简便，又有较好的抗化学药品的性能等优点，已成为电力电缆中正在迅速发展的一类重要品种。随着石油化学工业的蓬勃发展，这类产品将有非常广阔的发展前景。

在中低压电缆方面，就目前世界各国在品种的选择上及使用情况来看，总的趋势是塑料电缆占绝对优势。例如，美国的中低压系统主要使用交联聚乙烯绝缘电力电缆，占 43%，其他为聚乙烯绝缘及聚氯乙烯绝缘电力电缆；在法国，10kV 以下的系统大部分采用交联聚乙烯绝缘电力电缆；在英国，聚乙烯绝缘及聚氯乙烯绝缘电力电缆已占使用电缆的 70%，油浸纸绝缘电缆占 25%左右；在瑞典，1kV 以下的系统主要使用聚乙烯绝缘电缆，20kV 以上主要使用交联绝缘电力电缆，10kV 油浸纸绝缘电缆占 30%。

塑料绝缘型电缆有聚氯乙烯电力电缆（简称 PVC 电缆）、聚乙烯电力电缆（简称 PE 电缆）、交联聚乙烯电力电缆（简称 XLPE 电缆）。

（1）聚氯乙烯绝缘电缆：用聚氯乙烯聚合材料作为电缆绝缘和护套的一种固体挤压聚合电缆，简称 PVC 电缆。聚氯乙烯电力电缆结构如图 1-9 所示。

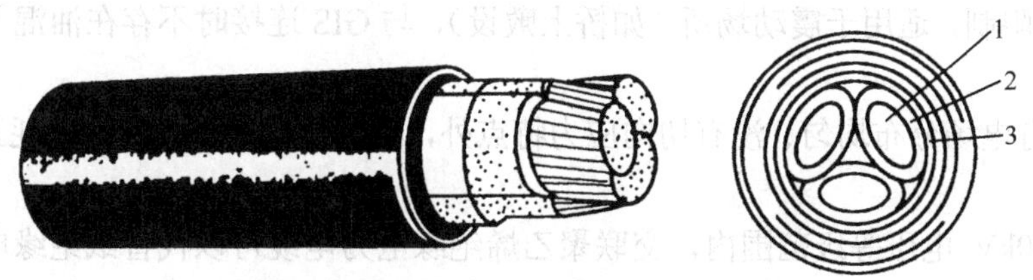

1-导线；2-聚氯乙烯绝缘；3-聚氯乙烯内护套

图 1-9 聚氯乙烯电力电缆结构

（2）聚乙烯聚绝缘电缆：用聚乙烯聚合材料作为电缆绝缘和护套的一种固体挤压聚合电缆，简称 PE 电缆。

这两种电缆的线芯有铝芯和铜芯两种，其线芯有单芯、二芯、三芯、四芯等，单芯线芯为圆形，多芯导电线芯截面在 35mm^2 及以下的为圆形、线芯截面在 50mm^2 及以下的为扇形。

交联电缆是“固态”绝缘的代表产品。聚乙烯树脂本身是一种常温下电性能极优越的绝缘材料。用辐照或化学方法对它进行交联处理，使其分子由原来的线形结构变成网状立体结构，从而改善材料在高温下的电性能和机械性能。用这种材料作高压电缆绝缘可以不用绝缘油之类的液体，是一种干式绝缘结构。它适用于 10kV 及以上电压等级的输配电线路，使用场合十分广泛。交联电缆的使用历史不长，只有 40 年左右，但发展很快。自 20 世纪 60 年代初世界上第一条 66kV 交联电缆投入使用以来，大约每 5 年便提高一个电压等级。

（3）交联聚乙烯绝缘电力电缆。图 1-10 所示为交联聚乙烯中低压电力电缆基本组成结构示意图。

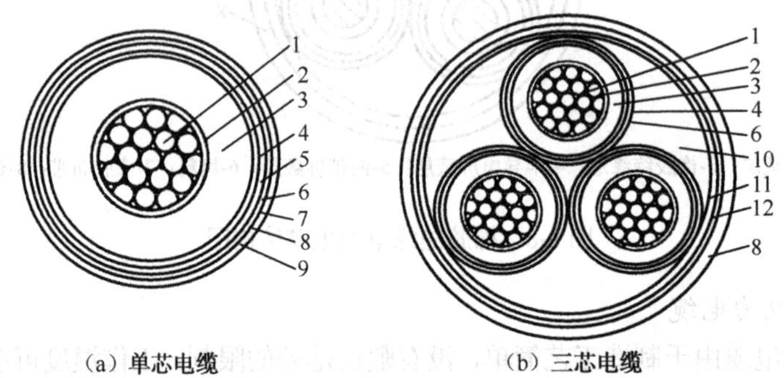

（a）单芯电缆　　（b）三芯电缆

1-导线；2-内半导电层；3-绝缘层；4-外半导电层；5-外半导电缓冲；6-金属屏蔽层；7-沥青保护层；8-外护层；9-石墨层；10-填充层；11-内护层；12-钢带铠装层

图 1-10　交联聚氯乙烯中低压电力电缆基本组成结构示意图

交联聚乙烯作为电缆的绝缘介质，具有十分优越的电气性能，在理论上，其性能指标甚至比充油电缆还好。该类电缆与纸绝缘电缆和充油电缆相比，具有以下优点：

① 良好的耐热性和机械性能。聚乙烯树脂经交联工艺处理后，大大提高了耐热性和机械性能。由于耐热性能好，其正常工作温度达 90℃，短时过载温度为 130℃，短路温度为 250℃；比充油电缆高，因而在同一导体截面时，载流量比后者高。

② 敷设安装方便，由于交联电缆是干式绝缘结构，不需敷设供油设备，这样给线路敷设和施工带来很大的方便，即接头和终端头的安装比较容易，部分接头和终端头已采用预制成型的附件，省却了油务工作，安装时间可缩短，施工现场火灾危险也相对较小。此外，线路敷设高差不受限制，适用于震动场所（如桥上敷设），与 GIS 连接时不存在油混入气体中的问题等。

③ 除具有电场分布均匀、没有切向应力特点外，其电气性能好，介质损耗正切值小，绝缘电阻高。

④ 1～110kV 电压等级范围内，交联聚乙烯绝缘电力电缆可以代替纸绝缘电缆，与浸纸绝缘电缆相比：结构简单，制造周期短，工作温度高，无油；敷设高差不受限制，运行可靠；没有金属护套，质量轻。

⑤ 比充油电缆要求的防火措施要简便，同时比使用充油电缆更经济，可以满足高落差或垂直敷设。另外，一旦发生事故，修复较简捷。

交联聚乙烯绝缘电力电缆虽然具有优异的电气性能和敷设维护方便等诸多优点，但经运行和研究表明，交联聚乙烯绝缘在运行中易产生树枝化放电，造成绝缘老化破坏，严重地影响了交联聚乙烯绝缘电力电缆的使用寿命。

为了满足简化线路设计、施工和运行维护等方面的工作需求，以及满足超高压送电的要求，目前已有超高压交联聚乙烯绝缘电力电缆产品，其结构除具有与中低压电缆相似的部分，还特别增加了纵向防水层。

3. 架空绝缘电缆

架空绝缘电缆如图 1-11 所示，是在紧压的铜、铝导体外挤制内屏蔽层、耐候型交联聚乙烯或耐候型黑色高密度聚乙烯或耐候型聚氯乙烯绝缘层和外屏蔽而制得的（LKV 架空绝缘电缆没有内外屏蔽层），结构简单、安全可靠，同时又具有优良的机械物理性能和电气性能，而电痕、耐沿面放电、耐大气性能优良，与裸电线相比，敷设间隙小、节约线路走廊、线路电压减小，尤其是减少了供电事故发生，从而确保人身安全。

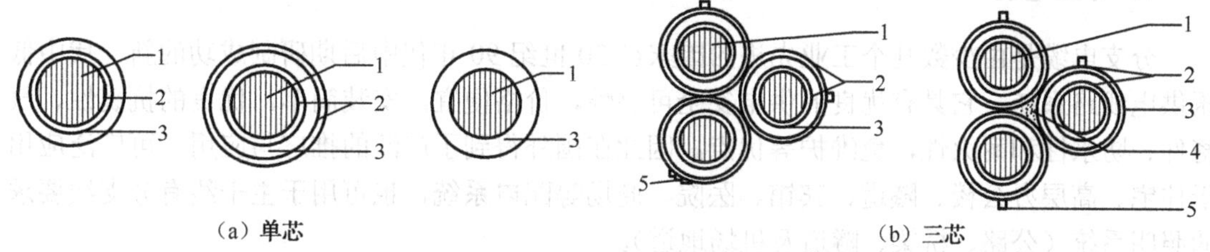

1-导体；2-屏蔽；3-绝缘层；4-承载导体；5-分相标记

图 1-11　架空绝缘电缆（部分）结构示意图

电压等级在 35kV 及以下的绝缘电缆，主要用于架空固定敷设、引户线等。通常悬挂在电杆或建筑物墙上，因此在电缆线路类型中称为悬挂型。主要用于下列情况：

（1）要求线路与环境尽可能不要相互影响的场所（如线路穿越人行道、树木、狭窄的街道）；

（2）需要利用已有电杆与低压架空绝缘电线、架空线或通信线同杆；

（3）为建筑工地作临时施工用电线路或线路修复期间作临时供电线路；以及扩建配电网线路；

（4） 作变电站或开关站的进线或出线（此时可不必穿越墙套管）。

额定电压 10kV 及以下架空绝缘电缆的型号、名称、适用范围（国家标准 GBl2527—990、GBl4049—1 993）见表 1-8。

表 1-8　额定电压 10kV 及以下架空绝缘电缆的型号、名称、适用范围

型　号	名　称	额定电压（kV）	用　途
JKV	铜芯聚氯乙烯绝缘架空电缆	1	架空固定敷设。电缆架设时，应考虑电缆与树木保持一定距离，电缆运行时，只允许电缆与树木作短时接触
JKLV	铝芯聚氯乙烯绝缘架空电缆	1	
JKY	铜芯聚乙烯绝缘架空电缆	1	
JKLY	铝芯聚乙烯绝缘架空电缆	1	

续表

型　号	名　称	额定电压（kV）	用　途
JKTRYJ	软铜芯交联聚乙烯绝缘架空电缆	10	电缆架空固定敷设。软铜芯产品用于变压器引下线，电缆架设时，应考电缆与树木保持一定距离，电缆运行时，只允许电缆与树木频繁接触
JKLYJ	铝芯交联聚乙烯绝缘架空电缆	10	
JKTRY	软铜芯聚乙烯绝缘架空电缆	10	
JKLYJ/Q	铝芯轻型交联聚乙烯薄绝缘架空电缆	10	架空固定敷设。电缆架设时，应考虑电缆与树木保持一定距离，电缆运行时，只允许电缆与树木作短时接触

注：1．字母对应含义：JK-架空电缆；T-铜芯（省略）；TR-软铜芯；L-铝芯；Y-聚乙烯绝缘；YJ-交联聚乙烯绝缘；Q-轻型交联聚乙烯薄绝缘。

2．使用特性：额定电压为1kV、10kV，电缆敷设温度不低于−20℃。短路时，最长可持续时间不超过5min。电缆最高温度：交联聚乙烯绝缘250℃，高密度聚乙烯绝缘150℃，聚氯乙烯绝缘150℃。电缆的允许弯曲半径应不大于20（D+*d*）mm（D与*d*分别为电缆、导体的标称外径）。

4．分支电缆

分支电缆是由少数几个工业先进的国家在20世纪90年代中后期研制成功的新一代中低压供电线路系统。它具有优良的供电安全可靠性，价格便宜，安装简单，优良的抗震性、气密件、防水性和耐火性，免维护等优点，因此在国外得到了广泛的推广与应用。可广泛应用于住宅、高层办公楼、隧道、宾馆、医院、商场等配电系统，也可用于主干线有分支线要求的照明系统（公路、桥梁、隧道及机场地道）。

随着我国国民经济的迅速发展，大中城市兴建的地铁、机场、隧道、桥梁、大范围楼群的用电和照明等都迫切需要大力发展、应用分支电缆。

1）预制单芯分支电缆

预制分支电缆是工厂在生产主干电缆时按用户设计图纸预制分支线的电缆，是近年来的一项新技术产品。分支线由工厂预先制造在主干电缆上，分支线截面大小和分支线长度等是根据设计要求决定的，极大缩短了施工周期，大幅度减少了材料费用和施工费用，更好地保证了配电的可靠性。预制分支电缆分预制单芯分支电缆和预制多芯分支电缆。FDZ预制单芯分支电缆实物如图1-12所示。

（a）单芯　　（b）一分二（单芯）

图1-12　FDZ预制单芯分支电缆（部分）实物图

2）预制多芯分支电缆

多芯分支电缆有拧绞型、铠装多股型、清洁（环保）型等。所谓绞合型、拧绞型，就是将多根单芯电力电缆绞在一起。预制铠装多芯分支电缆如图1-13所示。

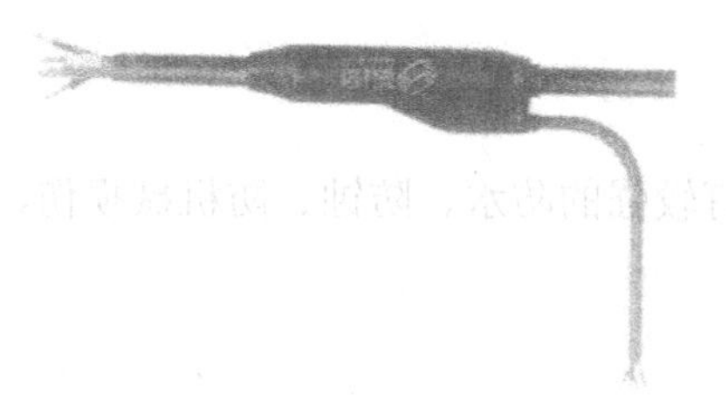

(a) YDF—X 型（环保型）

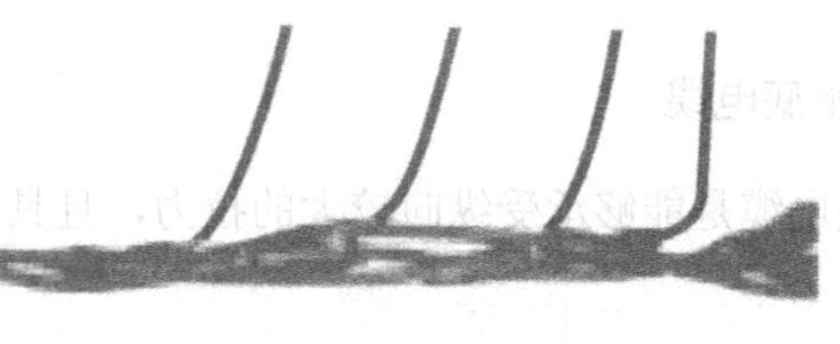

(b) FDZ—X 型（拧绞型）

图 1-13　预制铠装多芯分支电缆

1.3.2　按电压等级分类

由于电缆运行情况及绝缘材料的不同，需要不同的电压等级，电力电缆都是按一定的电压等级制造的。我国电力电缆的电压等级有 0.6/1、1/1、3. 6/6、6/6、6/10、8. 7/10、8. 7/15、12/15、12/20、18/20、18/30、21/35、26/35、36/63、48/63、64/110、127/220、190/330、290/500 kV 共 19 种。

也可以从施工技术要求、电缆头结构及运行维护等考虑分为三类：1kV 及以下低压电力电缆；6～35kV 中压电力电缆；110 kV 以上高压电力电缆，与之相对应的电缆附件也就称为低压电缆附件、中压电缆附件和高压电缆附件。

1.3.3　按特殊需求分类

按对电力电缆的特殊需求，主要有输送大容量电能的电缆、防火电缆、水底电缆和光纤复合电缆等品种。

1. 输送大容量电能的电缆

1）管道充气电缆

管道充气电缆（GIC）是以压缩的六氟化硫气体为绝缘的电缆，也称六氟化硫电缆。这种电缆适用于电压等级在 400 kV 及以上的超高压、传送容量为 1×10^{6}kVA 以上的大容量电能传输，比较适用于高落差和防火要求较高的场所。管道充气电缆安装技术要求高，成本较大。对六氟化硫气体的纯度要求很严，仅被用于电厂或变电站内短距离的电气线路。

2）超导电缆

利用超低温下出现失阻现象（超导状态）的某些金属及其合金作为导体的电缆称为超导电缆。

2. 防火电缆

防火电缆是具有防火性能的电缆总称，它包括一般阻燃电缆和耐火电缆两类。防火电缆是以材料氧指数≥28 的聚烯烃作为外护套，能延缓阻滞火焰沿着其外表蔓延，使火灾不扩大的电缆（其型号冠以 ZR-阻燃）。在电缆比较密集的隧道、竖井或电缆夹层中，为防止电缆着火酿成严重事故，35kV 及以下的电缆，应选用防火电缆。考虑到一旦发生火灾，消防人员能够进行及时扑救，有条件时，应选用低烟无卤或低烟低卤护套的防火电缆。

3．水底电缆

水底电缆是能够承受纵向较大的拉力，且具有较强的防水、防蚀、防机械损伤、防磨损的电缆。

4．光纤复合电力电缆

光纤复合电力电缆是将光纤组合在电力电缆的结构层中，使其同时具有电力传输和光纤通信功能的电缆。

思考与练习

1．什么叫电力电缆？电力电缆一般在什么场合使用？

2．使用电力电缆有什么优缺点？

3．试说明下列电力电缆型号所表示的意义：

ZQF2-35-3×95，VV42-10-3×50，YJLV22-3×120-10-300，CYZQl02 220/1×400。

4．电力电缆的由哪几部分构成？

5．试说明黏性浸渍纸绝缘扇形三芯统包绝缘电力电缆的结构。

第2章　电力电缆选择和敷设

2.1　电力电缆的选择

2.1.1　电力电缆型号的选择

电缆工程投资较大，工程隐蔽，建成后要运行几十年，如果路径选择不当，将会给电缆运行带来一些不利影响，甚至会增加电缆故障次数，因此电力电缆路径的选择及设计首先要满足电网规划设计和具体某条线路传输及交换的电能，其次应从安全可靠、经济合理，便于检修维护，并且要结合城市发展规划考虑电缆线路增容、改扩建的需要基本点出发，通常应遵循三个原则：①统一规划原则；②安全运行原则；③经济合理原则。

正确选择电力电缆型号，对电缆投入使用确保安全运行是十分重要的。设计电缆线路或选用电缆时，电缆型号和规格的选择主要从电缆绝缘种类、电缆护层种类和导体材料及截面等方面考虑。电缆型号的选择应首先考虑满足电力电缆敷设场合的技术要求，并在此基础上考虑线芯以铝代铜、绝缘以橡塑代油浸纸、金属护套以铝代铅以及在外护层上发展橡塑护套或组合护套等细节。普通电力电缆型号的选择可参见第1章表1-2至表1-6。

2.1.2　按电力电缆导体截面积选用电缆

电缆导体截面积的选择需满足负荷电流、短路电流以及短路时的热稳定等要求。具体原则如下：

（1）为使电缆在运行时，导体温度不超过允许工作温度和短路温度，应根据电缆线路的负荷电流及短路电流在电缆的标称截面系列中选择电缆导体截面。

（2）对输、配电电缆线路，主要按负荷（恒定负荷、周期负荷）电流和电缆导体的长期允许温度选择其电缆导体截面。因此，应根据这两种负荷类型选取相应的导体截面。

1．按电缆长期允许的载流量选择电缆截面

为了保证电缆的使用寿命，运行中的电缆导体不应超过其规定的允许工作温度。根据这一原则，在选择电缆时，必须满足 $I_{max} \leqslant nkI_0$ 的条件。

2．按电缆短路时的热稳定性选择电缆截面

对于长电缆线路，除了按负荷电流选择截面外，还要校核负荷电流产生的电压降是否在允许范围内，如超出允许范围，则选择高一档的截面。若电缆线路的电压等级在3kV及以上，除满足负荷电流外，还需校验其短路热稳定条件。也就是说，短路热稳定要求的最小截面 S_{min} 为

$$S_{min} = \frac{I_{\infty}\sqrt{t}}{C} \tag{2-1}$$

式中　S_{min}——短路热稳定要求的最小截面，单位：mm^2；

I_{∞}——稳态短路电流，单位：A；

t——短路电流作用时间，单位：s；

C——热稳定系数（见表 2-1）。

表 2-1　热稳定系数 C

长期允许温度（℃）		短路允许温度（℃）						
		230	220	160	150	140	130	120
90	铜	129.0	125.3	95.8	89.3	82.2	74.5	64.5
	铝	83.6	81.2	62.0	57.9	53.2	48.2	41.7
80	铜	134.6	131.2	103.2	97.1	90.6	83.4	75.2
	铝	87.2	85.0	66.9	62.9	58.7	54.0	48.7
75	铜	137.5	133.6	106.7	100.8	94.7	87.7	80.1
	铝	89.1	86.6	69.1	65.3	61.4	56.8	51.9
70	铜	140.0	136.5	110.2	104.6	98.8	92.0	84.5
	铝	90.7	88.5	71.5	67.8	64.0	59.6	54.7
65	铜	142.4	139.2	113.8	108.2	102.5	96.2	89.1
	铝	92.3	90.3	73.7	70.1	66.5	62.3	57.1
60	铜	145.3	141.8	117.0	111.8	106.1	100.1	93.4
	铝	94.2	91.9	75.8	72.5	68.8	65.0	60.4
50	铜	150.3	147.3	123.7	118.7	113.7	108.0	101.5
	铝	97.3	95.5	80.1	77.0	73.6	70.0	65.7

对于电压为 0.6/1kV 及以下的电缆，当采用低压断路器或熔断器做网络的保护时，其电缆的热稳定性一般都能满足要求，可不必进行验算，而当电压等级在 3.6/6kV 及以上电压等级的电缆应验算短路热稳定性。

3．根据经济电流密度选择电缆截面

一般在电缆线路最大负荷利用长度超过 20m 时，则应按经济电流密度来选择截面。

事实上，按长期允许截流量选择电缆截面，只考虑了电缆的长期允许温度，若绝缘结构具有高的耐热等级，载流量就可以很高。但由于功率损耗与电流的平方成正比，如果以经济电流密度来选择电缆截面，就较为合理。

若知道电缆线路中最大负荷电流及所选导电线芯材料的经济电流密度，即可计算导线截面 S 为

$$S=\frac{I_{\max}}{j_{\mathrm{n}}} \tag{2-1}$$

式中　$I_{\max}$——最大负荷电流，单位：A；

j_{n}——经济电流密度，单位：$\mathrm{A/mm^2}$，如表 2-2 所示。

表 2-2　经济电流密度 j_{n}（$\mathrm{A/mm^2}$）

导 体 材 料	年最大负荷利用时间（单位：h）		
	≤3000	3000～5000	≥5000
铜芯	2.5	2.25	2
铝芯	1.92	1.73	1.54

4．根据供电网络中允许的电压降校核电缆截面

当电力网上无调压设备，其电缆截面又较小时，为保证供电质量可靠，应按允许电压降校核电缆截面面积 S。

对三相系统，电缆截面 S_3（单位：mm^2）应满足

$$S_3 \geqslant \frac{\sqrt{3}I\rho L}{U\Delta U\%} \tag{2-2}$$

对单相系统，电缆截面 S_1（单位：mm^2）应满足

$$S_1 \geqslant \frac{\sqrt{3}I\rho L}{U\Delta U\%} \tag{2-3}$$

式中 I——负荷电流，单位：A；

U——网络额定电压，三相系统为线电压，单相系统为相电压，单位：V；

L——电缆长度，单位：m；

$\triangle U\%$——网络允许电压降百分数；

ρ——电阻率，$\Omega\cdot$mm^2/m，铜芯取$\rho = 0.0206\Omega\cdot$mm^2/m（50℃），铝芯取$\rho = 0.035\Omega\cdot$mm^2/m（50℃）。

当根据计算的导线线芯截面值选择电缆截面时，首先，应选择不小于及最接近的标准电缆截面 S（S_3、S_1）值后，再对照电缆产品样本选择电缆截面值，并应先考虑长期允许载流量；其次，进行热稳定的校核；最后，考虑经济电流密度和网络允许电压降。

2.1.3 按绝缘种类选用电力电缆

1．一般低压线路

380V 线路用电缆在一般场所多选用聚氯乙烯电缆。但聚氯乙烯电缆着火燃烧时会产生大量黑烟和氯化氢等强腐蚀性气体，故在火电厂、核电站、石油平台、高层建筑、公共场所和船舶上不宜采用，而应选择其他性能优秀的电缆，如耐阻燃型电缆；而用于船舶的电缆则要选择船舶专用电缆。

2．中低压电力电缆线路

在 6～35kV 中低压电力电缆线路中，国际上多选用交联聚氯乙烯电缆，我国主要选用不滴流电缆或交联聚氯乙烯电缆。乙丙橡胶电缆不仅电性能和热性能都比较好，而且与交联聚氯乙烯电缆相似，且柔软性、耐 X 射线辐照和抗水树枝性能好，因此适宜在矿井、水下和核电站内使用。其缺点是价格较昂贵和介质损耗因数较大。

3．高压电力电缆线路

110kV 及以上电压等级的电缆，可根据具体情况选用自容式充油电缆或钢管充油电缆及交联聚氯乙烯电缆。交联聚氯乙烯电缆与充油电缆相比，虽然不需要供油系统，但其电缆中间接头和电缆终端的制作安装技术复杂，施工安装现场要有净化措施，同时要求安装过程中始终保持非常清洁，干燥无潮气。此外，交联聚氯乙烯的体积膨胀系数大、压缩模量小，由此带来的一些热机械性能问题尚需研究解决，因此一定要慎重选用。

2.1.4 按护层种类选用电缆

电线护层是电缆基本结构中一个极其重要的组成部分，护层的好坏直接影响电缆绝缘性能和机械强度，决定着电缆的使用寿命。因此，电力电缆护套种类的选择应满足下述要求：

（1）明敷油纸绝缘电缆要选用裸钢带铠装。

（2）在易受腐蚀的环境中或在地下直埋敷设时要选用钢带外有外护套的电缆。

（3）在水下敷设或电缆可能受到较大拉力时要选用钢丝铠装电缆。

（4）有金属护套的电缆敷设在易振的场所时要选用铝护套电缆。

（5）交联聚乙烯电缆敷设在水下，或者电压等级为 63kV 及以上时，要选用有防水金属护套的电缆，在水下敷设或受到较大拉力时也要选用钢丝铠装电缆。

2.1.5 直埋电缆埋深要求

直埋电缆敷设的埋深，是从防护电缆和兼顾经济性综合考虑的。我国颁布的《电力电缆运行规程》和《发电厂、变电所电缆选择与敷设设计规程》中给出的埋深要求，经长期实践证明可行，与国外相近。表 2-3 所示为国外对电缆直埋敷设允许最小埋深的规定值，仅供参考。

表 2-3 国外对电缆直埋敷设允许最小埋深的规定

国别及其他规范标准	电缆允许最小埋深（m）
前苏联于 1985 年颁布的《电气装置安装规程》	0.5（在引入建筑物 5m 内） 0.7（35kV 以下电缆除某些情况以外） 1.0（35kV 以下电缆横跨街道广场时．35kV 电缆）
美国《电气法规》	0.6（0.6kV 以下电缆） 0.75（0.6～22kV） 0.9（22～40kV） 1.05（40kV）
日本《电气设备技术标准》	1.2（有载重车经过） 0.6（其他情况）
日本《道路法实施工规则》	0.8
瑞典《电气装置设计及维护规程》	0.45（24kV 及以下电缆） 0.65（24kV 以上电缆）

2.1.6 电缆的路径选择

在电缆的路径设计与选择上，需要考虑的技术与现实问题较多，一般总结如下：

（1）选择线路路径，要考虑诸多方面，如沿线地形、地质、地貌及城市规划，路径长短，另外，还应考虑施工、运行、交通等因素，进行方案的综合比较，择优选择，做到安全可靠、经济合理。

（2）路径长度要短，起止点间线路实际路径长度与起止点间的直线距离相比，曲折系数越小越好，尽量趋向 1。

（3）电缆线路在改变线路方向的转弯处，要留有余度。各种电缆线路在安装敷设中，为

防电缆扭伤和过度弯曲，要保证最小允许弯曲半径与电缆外径的比值，一般为（10～20）D（D为电缆外径），尤其是在城市内狭窄地段，线路路径要考虑合适。

（4）考虑沿线路纵断面高差，电缆线路高差有三层含义：一是电缆线路起止两个终端点位的水平位置高差；二是电缆线路沿线地形变化的相对高差；三是电缆线路上最高与最低点的位置高差。高差是电缆线路设计的重要数据，在路径选择时，沿线有坡度的地段，考虑坡度不得超过30°。

（5）大型发电厂和枢纽变电所的进出线，应根据厂、所的总体布置统一规划，选择路径。

（6）对洪水冲刷地段、沼泽地区和雪山山头等，电缆线路应尽量避让，若不能避让时，应有防范措施。

（7）要处理好与沿线建筑物和有关障碍物的关系，并与有关方面取得书面协议。

（8）少拆房屋，少砍树木，少占农田，注意保护名胜古迹、绿化带和果树等经济作物。

根据上述要求选择电缆线路路径，须经有关部门对设计纲要或初步设计审批确定后，方可进行定线和断面测量及地质勘探。

2.2　中低压电力电缆的敷设

2.2.1　中低压电力电缆的敷设方式

1．电缆线路直埋敷设

电缆线路直接埋设在地面下0.7～1.5m深的壕沟中的敷设方式，称为电缆线路直埋敷设方式，如图2-1所示。它适用于市区人行道、公园绿地及公共建筑间的边缘地带。是最经济、简便的敷设方式，应优先采用。

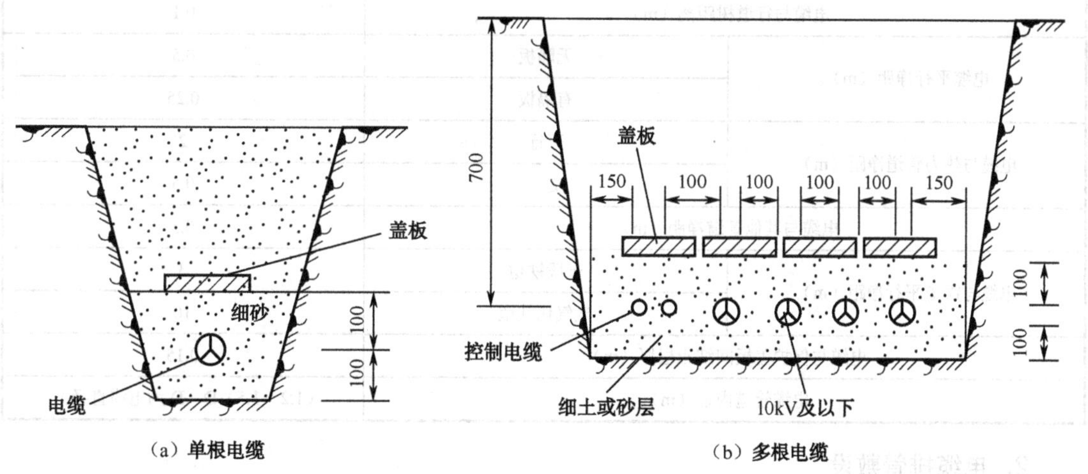

图2-1　直埋敷设

电缆线路直埋敷设的主要优点包括：

（1）电缆散热良好；

（2）电缆转弯敷设方便；

（3）施工简便、施工工期短、便于维修；

（4）造价低，工程材料最省；

（5）线路输送容量大。

但电缆线路直埋敷设的不足之处在于：

（1）容易遭受外力破坏；

（2）不方便巡视、寻找漏油故障点；

（3）增设、拆除、故障修理时都要开挖路面，影响市容和交通；

（4）不能可靠地防止外部机械损伤；

（5）易受土壤的化学作用影响。

电缆直埋敷设的路径选择，根据《电力工程电缆设计规范》（GB 50217—2007）的规定，应符合下列规定：

（1）应避开含有酸、碱强腐蚀或杂散电流电化学腐蚀严重影响的地段；

（2）未采用防护措施时，应避开白蚁危害地带、热源影响和易遭受外力损伤的区段。

电缆直埋敷设一般以一盘电缆的长度为一施工段。施工顺序依次为：挖掘电缆沟，预埋过路导管，敷设电缆，电缆上覆盖 15cm 厚的细土，盖电缆保护盖板及标志带，回填土。当第一段敷设完工清理之后，再进行第二段敷设施工。电缆直埋敷设后应符合表 2-4 所列的各项质量标准。

表 2-4　直埋敷设电缆质量标准

控制项目		质量标准
埋设深度（m）	电缆为 10kV 及以下	0.7
	电缆为 35kV 及以上	1.0
	电缆穿越农田时	另加 2
电缆与建筑物基础距离（m）		0.6
电缆与行道树距离（m）		0.1
电缆平行净距（m）	无隔板	0.5
	有隔板	0.25
电缆与热力管道净距（m）	平行	2
	交叉	0.5
电缆与其他管道净距（m）		0.5
电缆与铁道平行净距（m）	一般铁道	3
	电气化铁道	10
电缆与保护盖板间细土层厚（m）		0.15
电缆管道内径（m）		（1.2～1.5）D（D 为电缆直径）

2. 电缆排管敷设

电缆排管敷设是将电缆敷设在预先埋设于地下管子中的一种电缆敷设方式，如图 2-2 所示。其适用于地下电缆与公路、铁路交叉，地下电缆通过房屋、广场等区段，城市道路狭窄且交通繁忙，道路挖掘困难和道路少弯曲的地段。

电缆排管敷设的主要优点：

（1）外力破坏很少；

（2）寻找漏油故障点方便；

（3）增设、拆除和更换方便；

（4）占地面积小，能承受大的荷重；

（5）电缆之间无相互影响。

电缆排管敷设的不足之处是：

（1）管道建设费用高；

（2）管道弯曲半径大；

（3）电缆热伸缩容易引起金属护套疲劳，管道有斜坡时要采取防止滑落措施；

（4）电缆散热条件差，使载流量受限制；

（5）更换电缆困难。

根据有关设计资料介绍，采用排管敷设方式，220kV 电缆线路投资高达 2000 万元/km，110kV 电缆线路投资为 1500 万元/km。

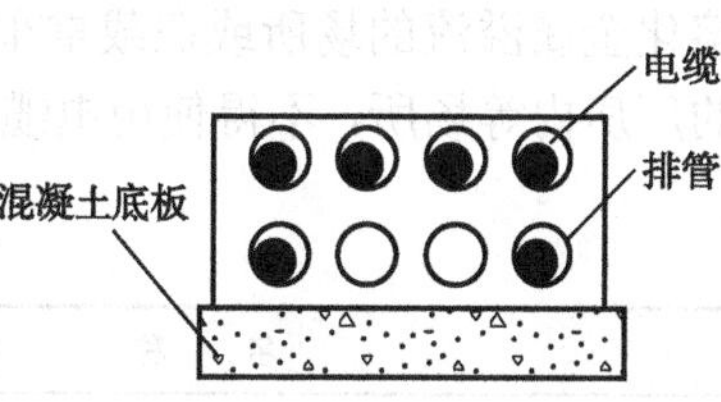

图 2-3 电缆排管敷设

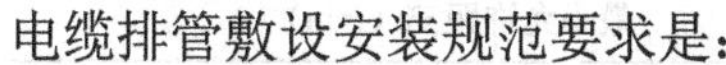

电缆排管敷设安装规范要求是：

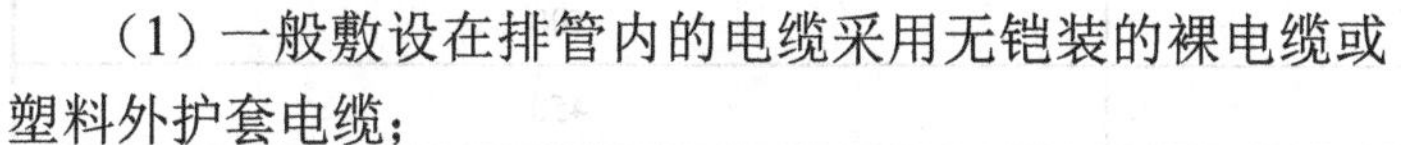

（1）一般敷设在排管内的电缆采用无铠装的裸电缆或塑料外护套电缆；

（2）管内径不应小于电缆外径的 1.5 倍，且不得小于 100mm，以便敷设电缆，管子内壁要求光滑，保证敷设时不损伤电缆外护套；

（3）敷设时的牵引力不得超过电缆最大的允许拉力；

（4）有接头的工作井内的电缆应有重叠，重叠长度一般不超过 1.5m；

（5）工作井应有良好的接地装置，在井壁应有预埋的拉环以方便敷设时牵引。

3. 电缆沟敷设

电缆敷设在预先砌好的电缆沟中的敷设方式，称为电缆沟敷设。一般采用混凝土或砖砌结构，其顶部用盖板（可开启）覆盖，且与地坪相齐或稍有上下。电缆沟敷设适用于变电站（所）出线及重要街道，电缆条数多或多种电压等级线路平行的地段，穿越公路、铁路等地段。电缆沟敷设示意图如图 2-4 所示。根据敷设电缆的数量多少，可在电缆沟的双侧或单侧装置支架，电缆应固定在支架上。在支架之间或支架与沟壁之间，应留有一定的通道（见表 2-5）。

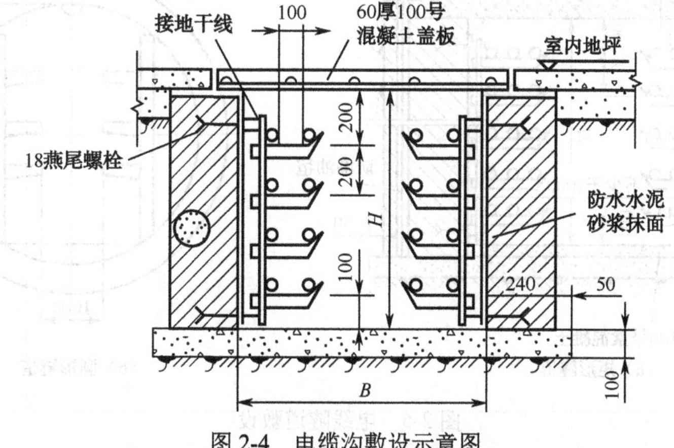

图 2-4 电缆沟敷设示意图

电缆沟敷设方式的优点是：

（1）造价低、占地面积较小；

（2）检修更换电缆较方便；

（3）走线容易且灵活方便；

（4）适用于不能直埋地下且无机动车负载的通道，如人行道、变电站内、工厂厂区内等处。

但此敷设方式的不足之处是：

（1）施工检查及更换电缆时，须搬动大量笨重的盖板；

（2）施工时如有外物不慎落入沟中易将电缆碰伤。

根据《电力工程电缆设计规范》（GB 50217—2007）的规定，在有化学腐蚀液体或高温熔化金属溢流的场所或在载重车辆频繁行驶的地段，以及经常有工业水溢流、可燃粉尘弥漫的厂房内等场所，不得使用电缆沟。有防爆、防火要求的明敷电缆应采用埋砂敷设的电缆沟。

表 2-5　电缆沟内最小允许距离

名　称		最小允许距离（mm）
两侧有电缆支架时的通道宽度		500
单侧有电缆支架时的通道宽度		450
电力电缆之间的水平净距		不小于电缆外直径
电缆支架的层间净距	电缆为 10kV 及以下	200
	电缆为 20kV 及以上	250
	电缆在防火槽盒内	1.6×槽盒高度

4.电缆隧道敷设

电缆敷设在地下隧道内的方式，称为电缆隧道敷设。

电缆隧道敷设适用于电缆线路高度密集的地段（如发电厂和大型变电站等）或路径难度较大的区段（如穿越机场跑道和江底等），以及有腐蚀性液体或经常有地面水流溢的场所，或含有 35kV 以上高压电缆等场所。电缆隧道敷设如图 2-5 所示：

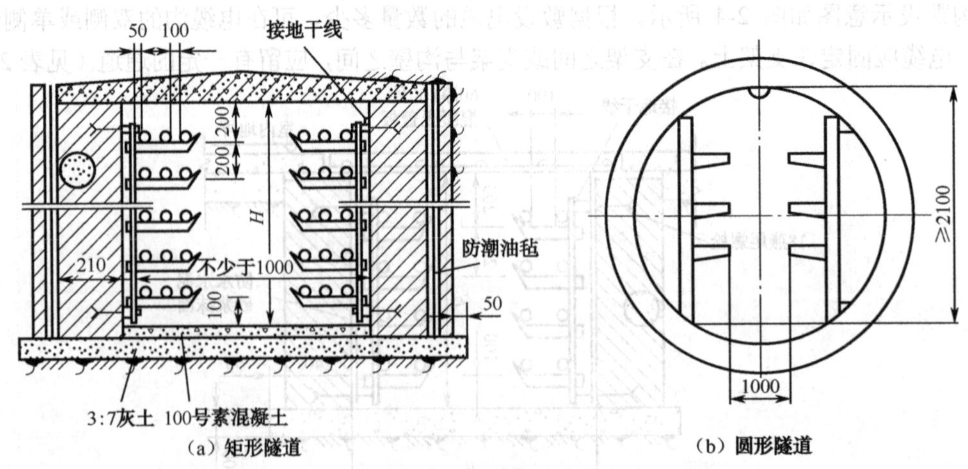

（a）矩形隧道　　（b）圆形隧道

图 2-5　电线隧道敷设

电缆隧道敷设方式分在混凝土槽中敷设和在隧道侧壁上悬挂敷设两种方式。前一敷设方式是电缆敷设在混凝土槽中，混凝土槽设在隧道下部紧靠隧道侧壁处。后一敷设方式分钢索悬挂和钢骨尼龙钩悬挂敷设。钢索悬挂是在隧道侧壁上安装支持钢索的托架，电缆用挂钩挂在钢索上，而钢骨尼龙钩是挂在隧道侧壁上的，其电缆则直接挂在挂钩上。

采用电缆隧道敷设的优点如下：

（1）方便维护、检修及更换电缆；

（2）能可靠地防止外力破坏，敷设时不受外界条件影响；

（3）方便寻找故障点，修复、恢复送电快。

但也存在如下的问题：

（1）建设隧道工作量大，土建材料量大；

（2）工期长、建设费用高；

（3）占地面积大；

（4）与其他地下构筑物交叉时不易避让；

（5）附属设施多。

5. 架空绝缘电缆敷设

架空绝缘电缆敷设，简称架空敷设。架空电缆通常悬挂在电杆或建筑物墙上。

悬挂电缆架设方式的优点是：

（1）敷设电缆时无需挖掘土方；

（2）电缆悬挂在杆塔（或捆绑在钢索）上不会被地面及地下水侵蚀；

（3）电缆被悬挂在高空，一般能可靠地防止被地面外力破坏。

悬挂电缆架设方式的不足之处有：

（1）由于必须进行高空作业，故而不如直埋电缆方便；

（2）电缆一旦悬吊不当，将有可能损伤电缆。

架空电缆由三根单芯电缆绞合，并与一根悬挂线绑扎在一起。悬挂线能承受架空电缆的全部重量而不需要其他附加构件，因此又称为自承式架空电缆。

目前我国生产和使用最多的 10kV 架空绝缘电缆是黑色交联聚乙烯绝缘无外屏蔽单芯电缆。与这种电缆相配套的附件有终端头、直通接头和分支接头，分别如图 2-6、图 2-7 所示。

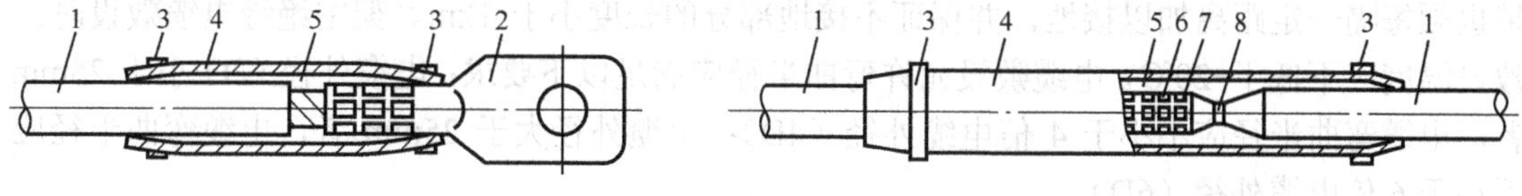

（a）终端头　　（b）直通式接头

1-电缆；2-端子；3-锁紧条；4-耐漏痕橡胶；5-绝缘橡胶；6-半导电带；7-半导电橡胶自粘带；8-连接管

图 2-6　架空电缆终端头、直通接头

架空电缆中用到的金具分握着电缆承受拉力的张力金具（又称耐张线夹）和握着电缆使其悬挂在支撑物上的悬挂金具（又称悬挂线夹），架空电缆利用这些金具的敷设方式分别如图 2-8 所示。

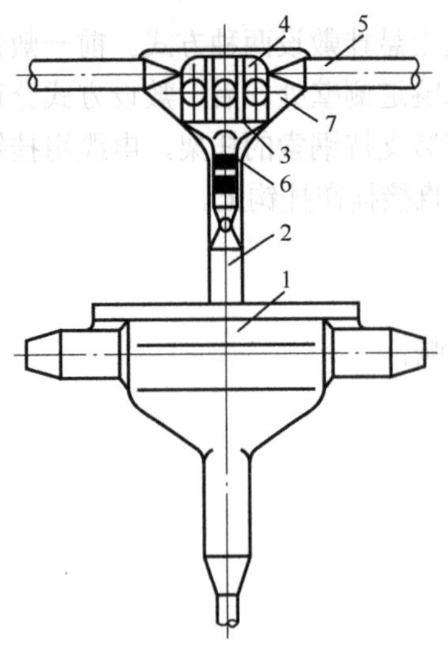

（a）安装中的分支接头

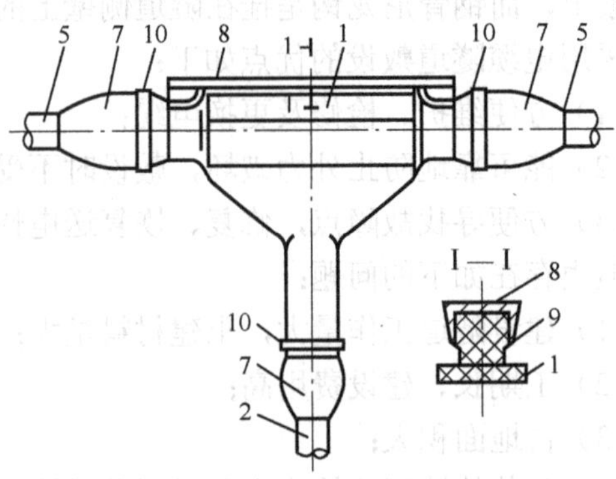

（b）安装后的分支接头

1-橡胶预制绝缘体；2-分支电缆；3-分支连接金具；4-压板；5-干线电缆

6-半导电带；7-绝缘橡胶自粘带；8-不锈钢套夹，9-不锈钢衬板；10-不锈钢锁紧条

图 2-7 架空电缆分支接头

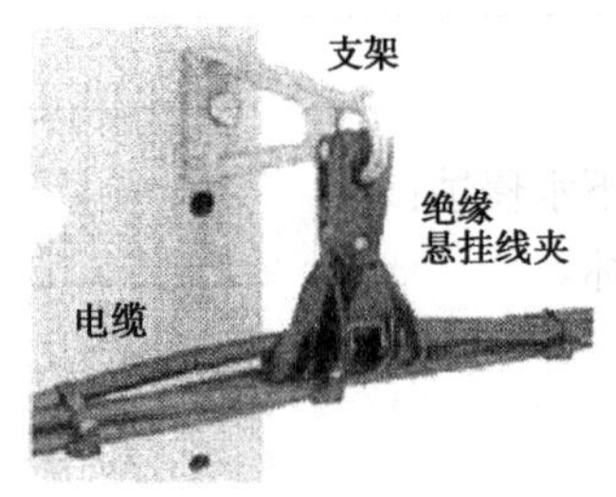

（a）电缆悬挂安装

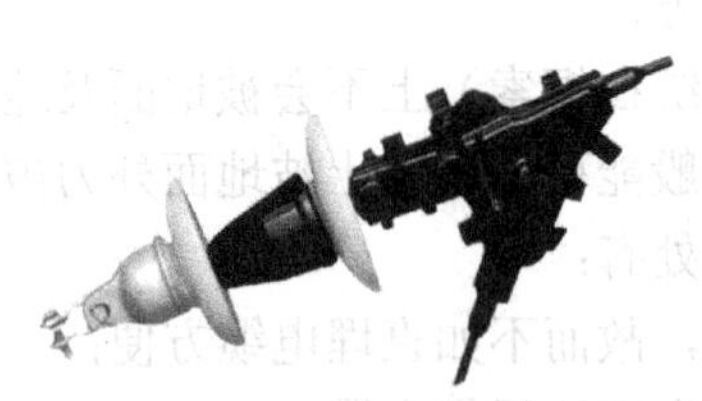

（b）电缆耐张按装

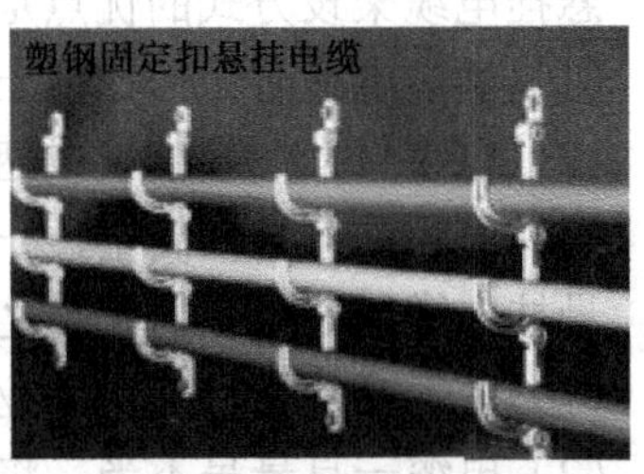

（c）电缆钢索悬挂安装

图 2-8 架空电缆敷设

施工时，先在电杆或建筑物墙上装好挂钩和悬挂线夹，再将架空电缆的悬挂线装在悬挂线夹中。安装时应注意，架空电缆的悬挂线的两端必须接地；在长线路上，架空电缆的金属带也须每隔一定距离加以接地，并保证不接地部分的长度小于 1km。架空绝缘电缆敷设时，敷设温度应不低于-20℃。电缆敷设允许弯曲半径应满足以下要求：电缆外径（D）小于 25mm者，电缆弯曲半径应不小于 4 倍电缆外径（4D）；电缆外径大于 25mm 者，电缆弯曲半径应不小于 6 倍电缆外径（6D）。

6. 电缆支架敷设

电缆支架敷设方式在敷设时不仅较省力，而且也不易损伤电缆外护套，同时电缆托架也易于排列整齐、无挠度、外形美观、易于防火。

1）对电缆支架及桥架的要求

（1）应牢固可靠。除承受电缆质量外，还应考虑承受安装和维护的附加荷重（约 80kg）。

（2）采用非燃性材料，一般用型钢或钢板制作，但当敷设于具有腐蚀性的场所时，其表面应作防腐蚀处理或选用耐腐蚀材料。

（3）表面应光滑无毛刺。

2）电缆支架及电缆敷设的跨距要求

（1）常用支架。常用电缆支架有角钢支架、圆钢支架和装配式支架，如图 2-9 所示。

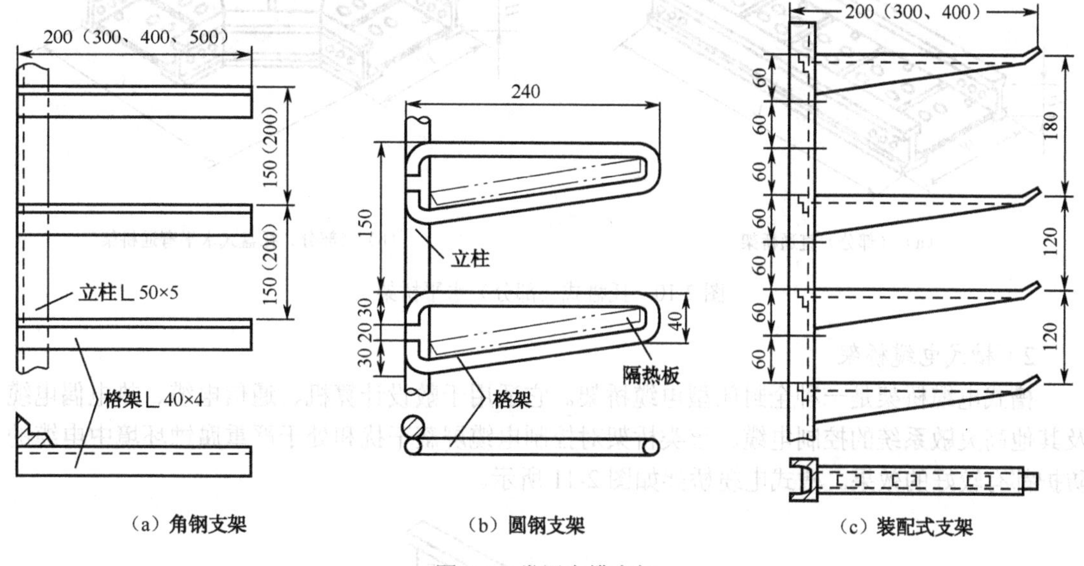

图 2-9 常用电缆支架

角钢支架如图 2-9（a）所示，由现场焊接，被广泛用于沟、隧道及夹层内。根据使用场所不同，分隧道用支架、竖井用支架、电缆沟用支架、吊架、夹层内支架等，格架层间距离一般为 150～200mm（当用槽盒时为 250～300mm）。

圆钢支架如图 2-9（b）所示。该支架采用圆钢制作成立柱与格架，后经焊接而成，其长度一般不超过 350mm；圆钢支架比角钢支架节省 20%～25%的钢材，但圆钢支架加工复杂、强度差，因而只适用于电缆数量少的吊架或小电缆沟支架。

装配式支架如图 2-9（c）所示。由工厂制作（格架用钢板冲压成需要的孔眼）、现场装配，一般用于无腐蚀性的场所，不适用于架空及较潮湿的沟和隧道内。格架长分 200、300 和 400mm 三种规格。

（2）最大跨距要求。电缆敷设应沿全长安装电缆支架、挂钩或吊绳等支持。

其最大跨距应符合下列规定：

① 满足支持件的承载能力和不损坏电缆的外护层及其缆芯；

② 使电缆相互间能排列整齐；

③ 适应工程条件下的布置要求。中低压电缆在水平敷设时，普通支架（臂式支架）以 800mm 的跨距实施配置，一般效果较好。对于小截面全塑型电缆，工程中常用缩小一半跨距的方法实施安装。

7. 电缆桥架敷设

1）托盘式电缆桥架

托盘式电缆桥架是石油、化工、电力、轻工、电视、电信等方面应用最广泛的一种。它具有质量轻、载荷大、造型美观、结构简单、安装方便等优点。它既适用于动力电缆的安装，也适用于控制电缆的安装。托盘式电缆桥架分水平（三通、四通、弯通）型桥架、托盘式垂直（上弯通、下弯通、转弯通）型桥架。托盘式（部分）水平桥架如图 2-10 所示。

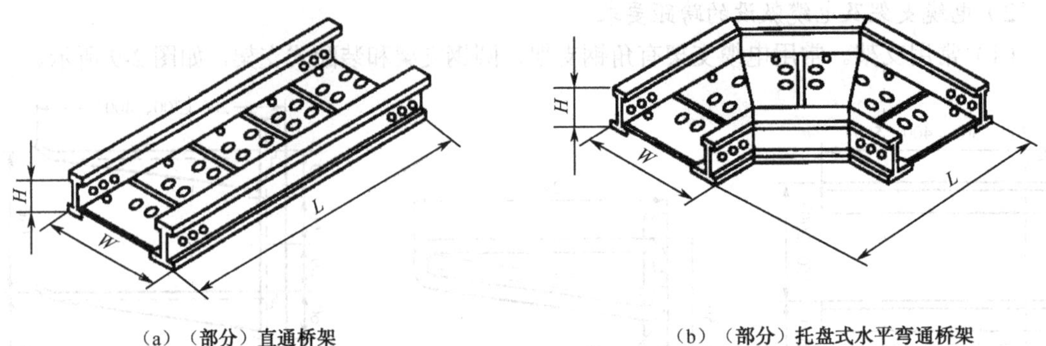

（a）（部分）直通桥架　　（b）（部分）托盘式水平弯通桥架

图 2-10　托盘式（部分）水平桥架

2）槽式电缆桥架

槽式电缆桥架是一种全封闭型电缆桥架。它适用于敷设计算机、通信电缆、热电偶电缆及其他高灵敏系统的控制电缆。该类桥架对控制电缆屏蔽干扰和处于严重腐蚀环境中电缆的防护都有较好的效果。槽式电缆桥架如图 2-11 所示。

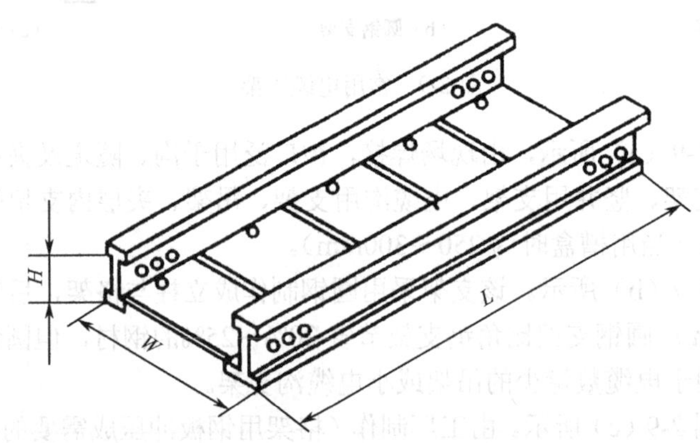

图 2-11　槽式电缆桥架

3）电缆桥架安装要求及规范

（1）电缆桥架作为布线工程的一个配套项目，目前尚无专门的规范指导，各生产厂家的规格程式缺乏通用性，因此，设计选型过程应根据弱电各个系统缆线的类型、数量来合理选定适用的桥架。

① 确定方向。根据建筑平面布置图，结合电气管线的设置情况、考虑维修的方便性，以及电缆的疏密程度来确定电缆桥架的最佳位置。在室内，尽可能沿建筑物的墙、柱、梁及楼板架设，如允许利用综合管廊架设时，则应在管道一侧或上方平行架设，并考虑引下线和分支线尽量避免交叉，如无其它管架借用，则需增设立（支）柱。

② 荷载计算。计算电缆桥架主干线纵断面上单位长度的电缆重量。

③ 确定桥架的宽度：根据布放电缆条数、电缆直径及电缆的间距来确定电缆桥架的型号、规格，托臂的长度，支柱的长度、间距，桥架的宽度和层数。

④ 确定安装方式。根据场所的设置条件确定桥架的固定方式，选择悬吊式、直立式、侧壁式或是混合式，连接件和紧固件一般是配套供应的，此外，根据桥架结构选择相应的盖板。

⑤ 绘出电缆桥架的平、剖面图，局部部位还应绘出空间图，开列材料表。

（2）电缆桥架安装要求

① 槽式大跨距电缆桥架由室外进入建筑物内时，桥架向外的坡度不得小于 1/100。

② 电缆桥架与用电设备交越时，其间的净距不小于 0.5m。

③ 两组电缆桥架在同一高度平行敷设时，其间的净距不小于 0.6m。

④ 在平行图上绘出桥架的走向，要注明桥架起点、终点、拐弯点、分支点及升降点的坐标或定位尺寸、标高，如能绘制桥架敷设轴侧图，则会更精确地对材料进行统计。

⑤ 直线段：注明全长、桥架层数、标高、型号及规格。拐弯点和分支点：注明所用转弯接板的型号及规格。升降段：注明标高变化，也可用局部大样图或剖面图表示。

⑥ 桥架支撑点（如立柱、托臂或非标准支、构架的间距、安装方式、型号规格、标高）可在平面上列表说明，也可分段标出，或用不同的剖面图、单线图或大样图表示。

⑦ 电缆桥架宜高出地面 2.2m 以上，桥架顶部距顶棚或其它障碍物不应小于 0.3m，桥架宽度不宜小于 0.1m，桥架内横断面的填充率不应超过 50%。

⑧ 布放在线槽的缆线可以不绑扎，槽内缆线应顺直，尽量不交叉。缆线不应溢出线槽，在缆线进出线槽部位、转弯处应绑扎固定。垂直线槽布放缆线应每间隔 1.5m 固定在缆线支架上。

⑨ 在水平、垂直桥架和垂直线槽中敷设缆线时，应对缆线进行绑扎。绑扎间距不宜大于 1.5m，间距应均匀，松紧适度。

电缆桥架安装示意图如图 2-12 所示。

图 2-12　电缆桥架安装示意图

2.2.2　中低压电缆敷设固定部位的规定

1．电缆线路垂直敷设

垂直敷设电缆应在上下端和中间适当位置固定。水平敷设应在首端、末端、转弯处以及接头的两侧固定；直线段至少在每100m 处设固定部位。斜坡敷设时要根据实际情况来确定固定部位。

2．沿电缆长度方向的固定要求

沿电缆长度方向需隔一定的间隙进行固定，即宜每隔 10m 设固定部位。

3．分支电缆的固定与托挂安装

分支电缆在固定与托挂安装时，需有专门的固定夹具和托挂架，其外形分别如图 2-13、图 2-14 所示。如图 2-15 所示为使用电缆固定夹具固定电缆。

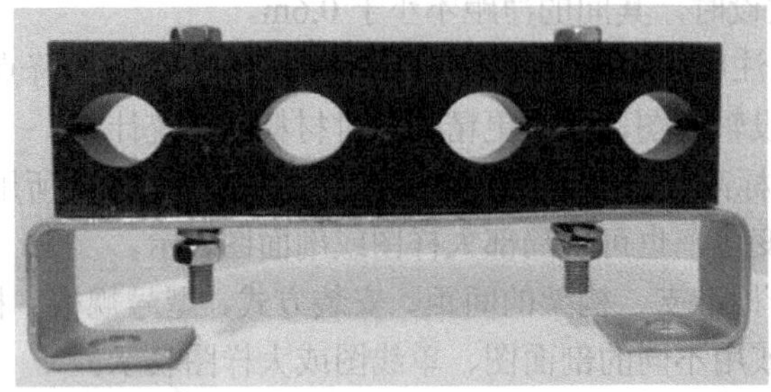

（a）单芯固定夹具

（b）多芯固定夹具

图 2-13　分支电缆固定夹具外形

（a）多芯托挂架

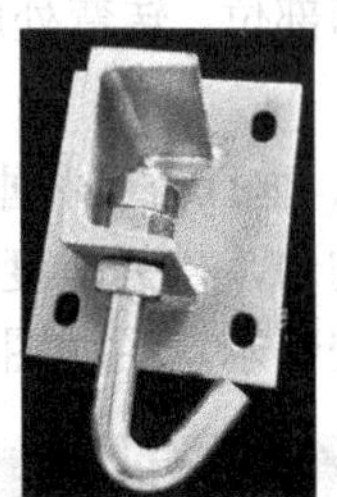

（b）单芯托挂架

图 2-14　分支电缆托挂架外形

图 2-15　使用电缆固定夹具固定电缆

2.2.3　中低压电力电缆线路敷设的一般要求

1．电缆线路允许弯曲半径

常用电力电缆无论采用何种方式敷设，其弯曲半径都应符合表 2-6 的要求。

表 2-6 常用电缆最小允许弯曲半径与电缆外径的比值（GB 50168—2006）

电缆形式			多芯	单芯
控制电缆	钢铠护套		10D	—
橡皮绝缘电力电缆	无铅包、钢铠装护套		10D	
	裸铅包护套		15D	
	钢铠护套		20D	
聚氯乙烯绝缘电力电缆			10D	
交联聚乙烯绝缘电力电缆			15D	20D
油浸纸绝缘电力电缆	铅包		30D	
	铅包	有铠装	15D	20D
		无铠装	20D	—
自容式充油（铅包）电力电缆			—	20D

注：D 表示电缆外径。

2. 电缆敷设允许位差

电缆线路的最高点和最低点之间的最大允许敷设位差见表 2-7 所示。如果超过表中的规定，要采用适用于高落差的塑料电缆、油浸纸滴干绝缘电缆、不滴流浸渍剂绝缘电缆，或在电缆中间增加塞止式接头。

表 2-7 电力电缆最大允许敷设位差（GB 50168—2006） 单位：m

电缆额定电压（kV）	电缆护层结构	铅 套	铝 套
1-3	无铠装	20	25
	有铠装	25	25
6-10	无铠装或有铠装	15	20
25-35	无铠装或有铠装	5	—
不滴流电缆、塑料绝缘电缆、橡皮绝缘电缆		无限制	

注：1. 对 35kV 电缆采取防止油干枯的措施时（如使用能补注油的充油式终端头），最大高差可达 10m。

2. 对水底电缆的最低点指最低水位的水平面。

3. 电缆允许敷设的最低温度

电缆在敷设前 24 小时内的平均温度以及敷设现场的温度不应低于表 2-8 所列值。否则应将电缆预热。电缆预热的方法有两种，一种是将电缆放在有暖气的室内或装有防火电炉的帐篷里，这种方法需要的时间较长。另一种是用电流通过电缆导线的方法加热，但加热电流值不能大于电缆的额定电流值。

表 2-8 电缆允许敷设的最低温度（GB 50168—2006）

电缆类型	电缆结构	允计敷设的最低温度（℃）
油浸纸绝缘电力电缆	充油电缆	-10
	其他油浸纸绝缘电缆	0
橡皮绝缘电力电缆	橡皮或聚乙烯护套	-15

续表

电 缆 类 型	电 缆 结 构	允许敷设最低温度（℃）
橡皮绝缘电力电缆	裸铅套	-20
	铅护套钢带铠装	-7
塑料绝缘电缆		0
控制电缆	耐寒护套	-20
	橡皮绝缘聚氯乙烯护套	-15
	聚氯乙烯绝缘聚乙烯护套	-10

在检查电缆表面的温度值时一般可利用普通温度计，方法是将温度计的水银头用油泥粘在电缆外皮上来监视。加热后电缆表面的温度不得低于 5℃，同时应尽快敷设，放置时间不允许超过 1 小时。电流加热法常借助小容量的三相低压变压器（高压侧额定电压为 380V）或交流电焊机来完成，加热时，将电缆一端三相电缆芯短接，另一端接至变压器低压侧，电源部分应有电压调节和保险设备，以防电缆过载损伤。

4．直埋电缆引出地面的保护措施

直埋电缆的埋置深度应遵守《电力电缆运行规程》和《电气装置安装工程电缆线路施工及验收规范》（GB 50168—2006）的要求。当电缆自地下引出地面时，应将地面上 2m 长的一段电缆用金属管（或角钢）加以保护，金属管下端埋入地下 0.1m，以防外力对电缆的破坏。电缆引出地面时的保护如图 2-16 所示。施放在室内的铠装电缆如不存在机械损伤的可能性，可不加保护，但对无铠装的电缆则应加以保护。电缆在通过立墙引入室内及与铁路、公路交叉敷设时，也应穿管敷设。电缆保护管的选择原则是按电缆外径的 1.5～1.7 倍选择钢管的内径。

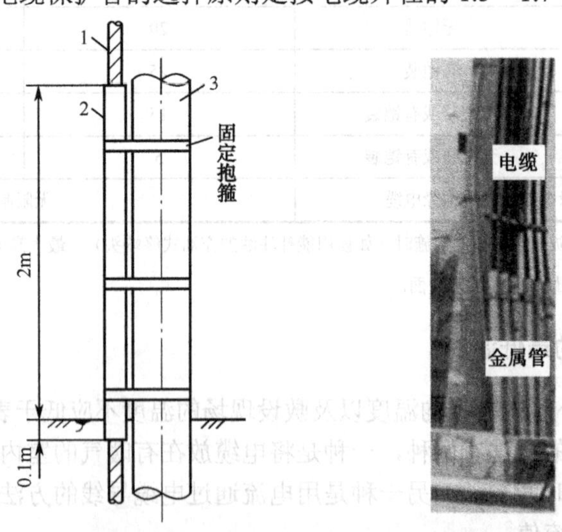

（a）电缆引出地面时的保护尺寸要求　　（b）电线引出地面的安装图例

1-电缆；2-金属管；3-电杆

图 2-16　电缆引出地面时的保护

2.3　电力电缆的陆地敷设施工

2.3.1　电缆陆地敷设施工概述

电力电缆的敷设方式，根据敷设的位置分陆地敷设、水下敷设和悬挂（架空）敷设三种。

1. 电缆陆地敷设施工起讫端的选择原则

对于比较复杂的电缆路径，由于环境条件的限制，在电缆线路施工设计中如何安全可靠地敷设起讫端是一个极其重要的环节，一般按以下原则考虑。

（1）尽可能减少敷设牵引力。电缆敷设应从相对较高的一端向相对较低的一端敷设，以便减少敷设牵引力，同时对于截断多余的电缆也有利。在坡降较大或竖井中敷设电缆时，可在高的一端向下滑放，不牵引。

（2）采用一端向另一端敷设牵引。当电缆敷设牵引施工选择一端向另一端敷设时，须选择宽畅且运输方便的敷设场地作为敷设起点。

（3）避免电缆在敷设时受损。根据电缆线路设计要求计算最小牵引力和侧压力，依此选择起讫点，以保证电缆在敷设时不受损伤。

（4）尽量将电缆盘靠近电缆敷设就位点，以便缩短电缆出盘后的牵引距离。

另外，对于电缆路线较复杂的“咽喉”段，靠近敷设的终点敷设较好。

2. 电缆敷设路径确定后的设计书编制内容和要求

在选择好电缆的敷设路径后，应编制设计书。设计书是施工的依据，应由设计部门来完成。设计书由封面、目录、说明、设计图纸、材料表等五个部分组成。

（1）封面，包括工程的名称、账号，设计的部门、日期等。

（2）目录，按次序列出设计书的全部内容，便于在正文中查找设计书的相关内容。

（3）说明，叙述工程的一些具体事项和要求。例如工程中需新放或替换的电缆的线路名称和数量，需要制作的电缆附件的类型、数量和编号，替换下的电缆的处理（就地停运或拆除带回）等，施工人员应仔细阅读设计说明，并按其要求施工。

（4）设计图纸，包括电缆走向图、电缆线路剖面图、电缆支架图等。其中电缆走向图应画出电缆的敷设路径。

对施工人员来说，应在施工前按电缆走向图到现场进行勘察，了解电缆的实际路径。如果发现设计与现场实际情况存在不一致，应上报主管技术部门。此外，由于从设计到施工有一段时间差，在这期间施工环境可能有所变化，甚至会有很大改变，这将影响到即将进行施工的电缆路径。为了确保施工的合理性和准确性，施工单位的技术部门必须在施工前首先对设计图纸进行详细审校，确认无误后再交到施工班组，有条件的还应向施工人员交底、布置工作，最后才由施工人员进行施工。在施工过程中一旦发现问题，应立即停止施工，并向主管技术部门反映，会同运行单位，经研究决定后再继续施工。如果问题较大，影响面较广，则必须与设计、运行单位共同研究，并由设计部门发出设计变更的通知，然后再按变更后的设计图纸继续施工。

电缆线路剖面图将给出平行敷设的电缆的剖面，便于施工、运行管理人员对电缆进行区分，并在施工中应严格按照设计书规定的剖面位置敷设电缆，以免将来认错电缆。另外，在某些场所，如变电站电缆夹层中、电缆隧道中，电缆椿管的连接工井中，为了进行检修及维护方便，同时为了整洁美观，常制作电缆支架以支撑电缆。

（5）材料表，包括电缆材料表、电缆支架材料表。施工部门将根据材料表准备电缆材料、附件材料及相应的工具。

2.3.2 直埋电缆敷设施工

1．直埋电缆敷设施工前的准备

电缆敷设施工前，除了要求环境温度高于电缆允许敷设温度之外，一般电缆盘需提前搬运到施工场地。在搬运前，应核对电缆盘上的标识，如电压、截面、型号是否符合工程设计书上的要求。对无压力的油浸纸绝缘电缆，还要求检验电缆盘两端头油浸纸和导线内是否含有水分。

另外，由于电缆线路经常会出现需要穿越公共道路或桥梁等场所，为了避免牵引电缆时对公共交通造成影响，通常对应的处理方法是事先在横越道路部分的一段路中埋设多孔导管。导管的顶部一般不低于地坪 1m，导管孔数留有 50%的备用孔。如图 2-17 所示为道路导管的断面示意图。而埋设横越道路的导管，其中心线不论在平面和垂直方向都需保持直线，这就需要先挖出一半长度的横越道路电缆沟土方，在其上铺设临时通行钢板，然后开挖另一半横越道路的电缆沟土方，并确定沟中无障碍物，能保持导管成一条直线，方可埋设所需的混凝土导管，并做好养护工作，最后覆土填平。

为了方便敷设，电力电缆从电缆盘展放到待敷设直线线路上不是直线状时，必须将其校直，可借助图 2-18 所示的电缆校直机进行校直。

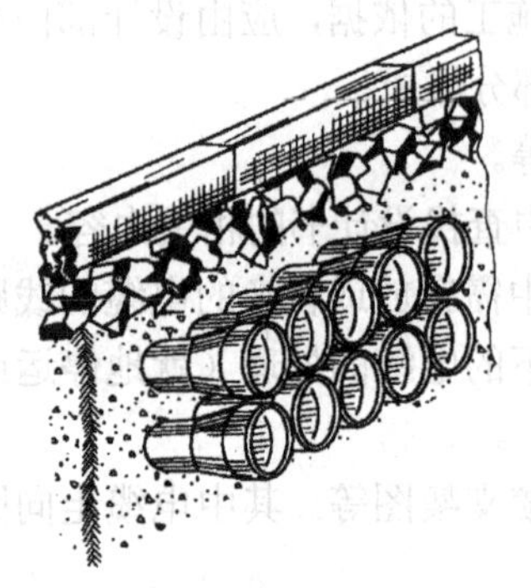

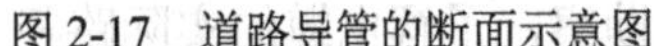

图 2-17 道路导管的断面示意图

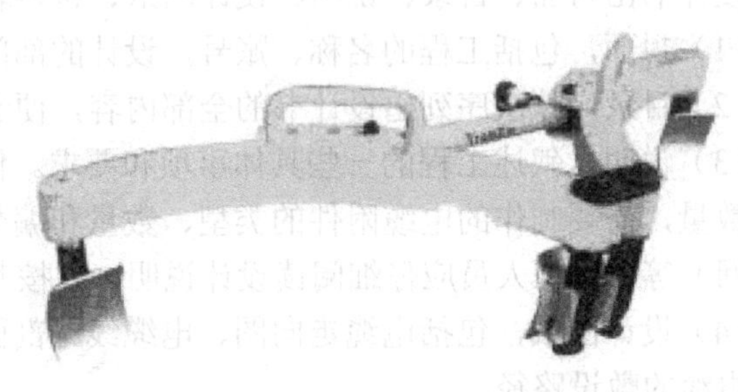

图 2-18 电缆校直机外形图

对于转弯地段的电缆，按设计规定应有一定的弯曲半径（有的在保护管内敷设），这时可采用图 2-19 所示的电缆弯管机进行处理，以满足电缆线路工程安装的要求，以达到预期的目的。电缆弯管机具有拆装简便、无需用固定底脚、可随意移动位置等特点，适合于施工现场对电缆保护钢管及大截面电缆的弯曲。电缆弯管机有手动液压操作、机械操作等操作方式。

2．做好路径复测、放样划线工作

按照施工设计的电缆路径图，复测电缆设计路径，并在主要点（如直线段的中点、上下坡、过障碍、拐弯、中间接头和需特殊预留电缆的地点等位置）补加标桩。

图 2-19 电缆弯管机外形图

根据设计图纸和复测结果，拟定敷设电缆线路的走向，然后进行划线。敷设一条电缆时，开挖宽度为 0.4～0.5m 的沟；同沟敷设两条电缆时，开挖宽度为 0.6m 左右。

3. 选用电缆输送机及辅助机具

电缆输送机适用于大规模城市电网改造，适合大截面、长距离的电缆敷设，能降低劳动强度，提高施工质量。电缆输送机分滚轮式、履带式等，如图 2-20 所示。

（a）DSJ-150 型电缆输送机

（b）履带式电缆输送机

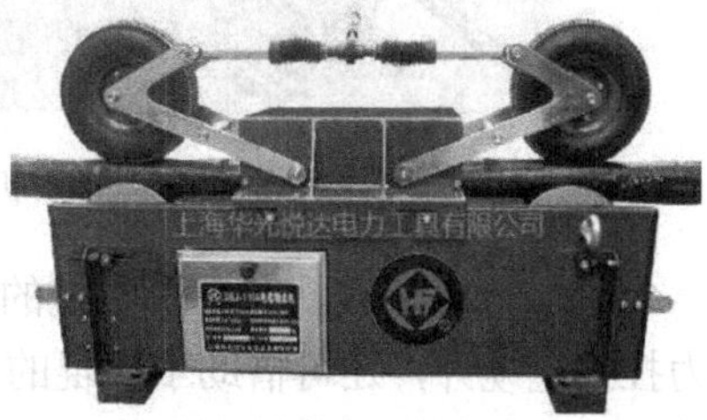

（c）DSJ-180A 新型组合式电缆输送机

图 2-20 电缆输送机系列（部分）产品实物图例

（1）鼓轮式布缆机、球形电缆输送机，如图 2-20（a）所示。该系列机的最大特点是牵引力、制动力比履带式布缆机大，体积小、质量轻、操作方便，在电缆排管、隧道直埋、长距离输送等场合尤为适用，大大地降低了劳动强度，提高了施工质量；可以单机使用，也可数机串联用。

（2）履带式电缆输送机。图 2-20（b）所示为履带式电缆输送机，它们的工作原理是通过驱动或制动压紧放在电缆上下的履带，从而得以牵引或制动电缆；电缆的牵引速度可通过改变变频电机的转速实现，制动则由装在制动轮内的液压装置进行。

（3）新型组合式电缆输送机。图 2-20（c）所示为 DSJ-180A 型电缆输送机。该类产品采用铝合金材料，具有质量轻、可拆卸使用、方便灵活等特点，尤其适用于坑道窄、条件差的情况下施工，操作简单且无噪声，属于环保型产品。DSJ-180A 型组合式电缆输送机是用于长距离输送大截面电缆的机具，尤为适用于隧道、排管、直埋敷设等长距离敷设各种类型的电缆，不受地形的限制，可在弯曲的电缆沟、交叉道路、管道中进行放电缆作业。

DSJ-180A 型电缆输送机有电动机驱动两对高弹性的、坚韧抗磨的锥形橡胶驱动轮，电缆被两个橡胶滑轮压到橡胶驱动轮中，通过上下两方面作用推动电缆。其具有摩擦系数小、输送力大，对电缆无丝毫损伤等优点。

（4）电缆牵引机。电缆牵引机是在电缆敷设时，用作牵引的成套机械。它由牵引头和收线架等部件组成，可用于电力电缆、通信电缆、架空线的牵引，也可用于其他需要牵引的场合，可单独使用。

图 2-21 所示为电缆牵引机的实物图例。该电缆牵引机是在多功能收放线机的基础上开发的一种新型电缆施工机具，具有体积小、使用灵活方便的特点，更适合道路狭窄地段特别是城市中的电缆施工，其牵引功能与多功能收放线机的牵引功能相同，既可以牵引展放电缆，也可以用于紧线、立杆等。其采用移动卷扬设计，可采用多种型号的油丝绳，标准牵引长度为 1000m，牵引力可满足各种形式电缆在电缆沟、隧道、非开挖曲线管道及多根架空导线的同时展放，具有操作简单和良好的可控性。

（5）电动滚筒。在牵引敷设弯曲较多或线路很长的电缆时，其牵引力往往会大于电缆的允许值，此时益用电动滚筒，如图 2-22 所示。电动滚筒的推动力为 0.5～1.0kN。电动滚筒具有输送电缆和支撑电缆（相当于托辊）的作用。

图 2-21　电缆牵引机

图 2-22　电动滚筒

（6）电缆托辊。在牵引电缆的过程中，为了不使电缆直接在地面上拖拉摩擦，除采用人力扛抬电缆外，还可借助于托辊的支撑作用进行电缆的敷设，托辊如图 2-23 所示，这样不仅减小了电缆拖拉时与地面的摩擦，也非常省力，方便电缆敷设。

托辊的种类很多，使用时应根据电缆线路路径的不同考虑其选用类型。在平直段可采用图 2-23（b）所示的平直托辊，该平直托辊采用铝合金制造，具有强度高、质量轻、使用灵活方便等特点。它可以单个使用，也可连接成串作下井、转弯用，托辊间的距离应根据电缆的外径确定，一般为1.5～2m。托辊间的距离应考虑适度，距离过短并无坏处，但使用的托辊就相应要多，不仅使得施工的准备工作量大大增加，也显得不经济。如距离过长，则会使电缆的弛度增加，导致牵引力增大，也容易使托辊支架倾斜，严重时，电缆在牵引过程中会发生转动，呈螺旋形前进，从而造成电缆扭转，使电缆的绝缘受到损伤，故弯曲段应适当减少托辊间距。托辊支架的高度可根据电缆路径的具体情况设计，使托辊受力一致，还可以设计成高低可调的支架。

（a）导向托辊

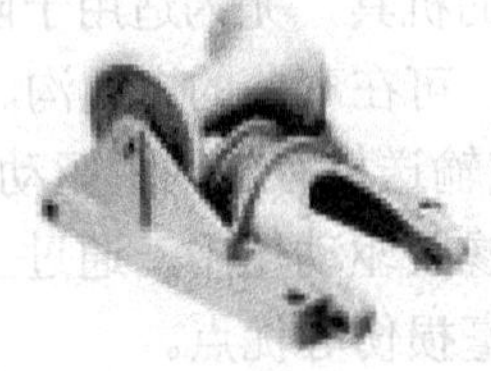

（b）平直托辊

图 2-23　电缆托辊外形

安装在水平弯曲段的转角支架应设置适当数量的立式托辊，以便起导向作用。导向托辊（见图 2-23（a）所示）的间距应适当小些，以便降低对电缆的侧压力。当转角为 90° 时，导向托辊以 4～6 个布置为宜。

图 2-24 所示为 ZLC 转弯托辊架，是电缆施工中必不可少的工具，常与放缆滑车配套使用，可解决在电缆敷设施工中电缆转弯十分困难且极易损坏电缆绝缘的问题。

在建筑物、沟道及保护管的进出口，应考虑设置导向托辊框架，或在管道口设置如图 2-25 所示的管口防护喇叭（图中 D 为管口防护喇叭大端管口直径，D＝12d），以保证在牵引过程中电缆不被刮破擦伤。管口防护喇叭结构由两半合成，敷设完后可逐个拆除。

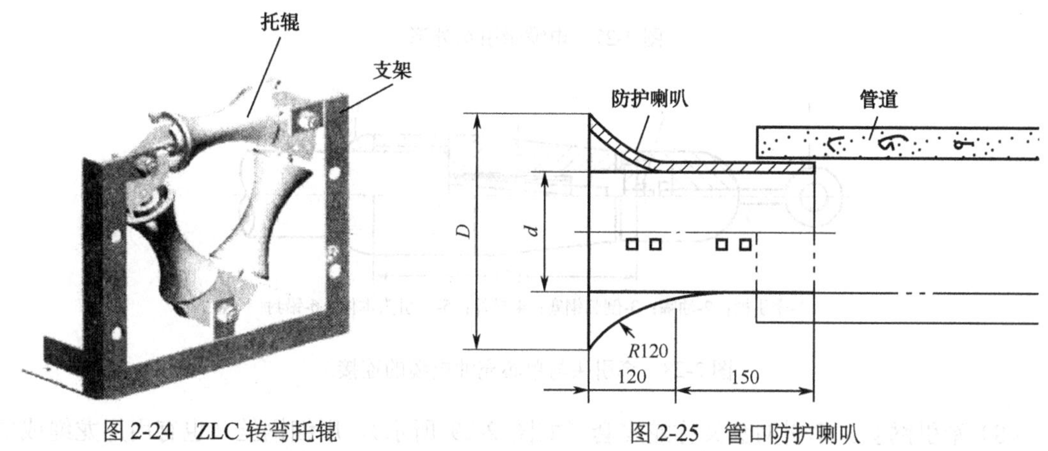

图 2-24 ZLC 转弯托辊　　图 2-25 管口防护喇叭

电缆敷设施工中也常采用图 2-26 所示的保护滑车装置对出口处的电缆进行保护。

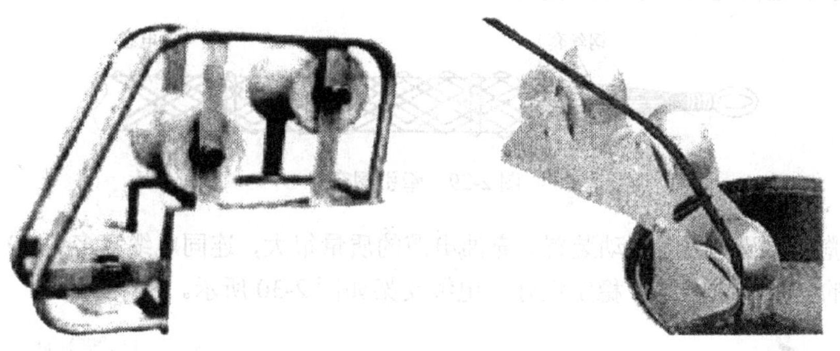

图 2-26 导向托辊及保护滑车外形

（7）牵引头。牵引头如图 2-27 所示，是卷扬机的钢丝绳与电缆导线的连接部件（或称过渡线），应能承受电缆导线允许的最大牵引力。牵引头上设置有油嘴，其作用是便于与压力箱的油箱连接，保持电缆内部油压稳定。牵引头的另一个作用是密封单芯充油电缆的端部。

牵引头在使用前应在短段电缆上进行拉力试验，以免在牵引时滑脱或断裂。必要时须做密封试验，防止在敷设电缆过程中漏油。牵引头与单芯充油电缆连接结构如图 2-28 所示。

牵引头与电缆导线连接时，应先从电缆盘上牵引出一段电缆，并将其端部抬起比邻近电缆高出 0.5m，然后进行连接。

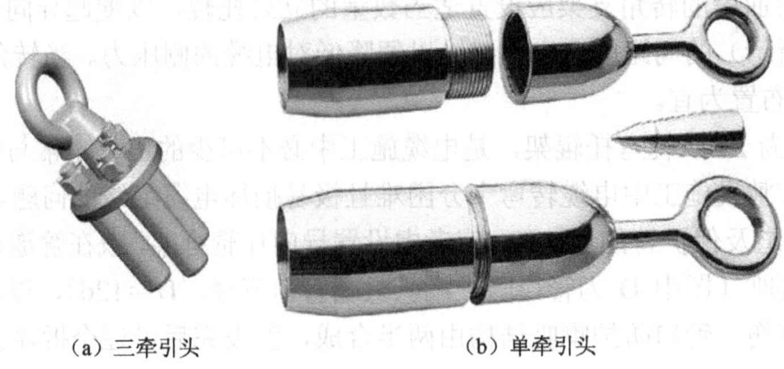
（a）三牵引头　　（b）单牵引头

图 2-27　电缆牵引头外形

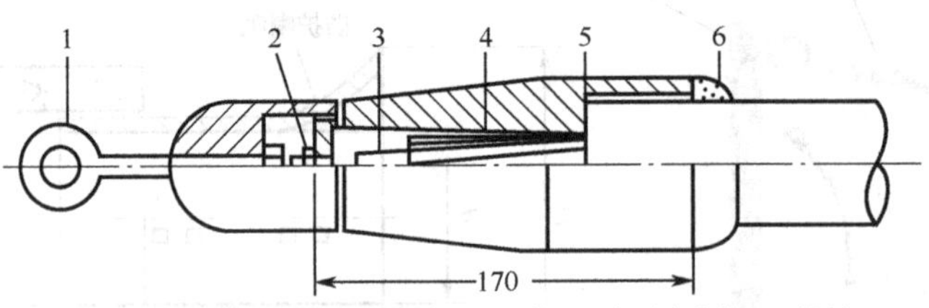

1-牵引梗；2-油嘴；3-倒刺钢塞；4-导体；5-牵引头本体；6-铅封

图 2-28　牵引头与单芯充油电缆的连接

（8）牵引网套。牵引网套又称蛇皮套（如图 2-29 所示），用细钢丝（也有用尼龙绳或白麻绳）由人工编织而成，施工时套在电缆护层上。它一般在电缆线路不太长，且当经过计算的牵引力小于护层的允许牵引力时使用。

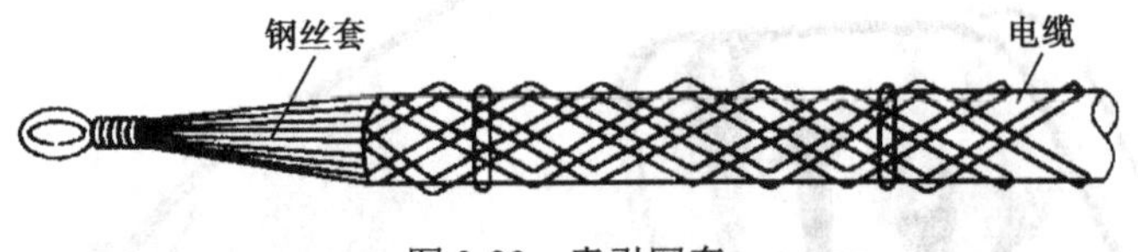

图 2-29　牵引网套

（9）电缆支架及电缆盘制动装置。充油电缆的质量很大，连同电缆盘多达 30 多吨，因此支放电缆盘的支架要求坚固、稳定性好。电缆支架如图 2-30 所示。

图 2-30　电缆支架（配有液压顶升）

制动装置是为了在牵引敷设电缆的过程中及紧急情况下，能及时制动电缆盘，防止电缆盘继续滚动而造成电缆折弯所用的装置。如采用木板制动或借助盘缘带的人工制动装置，仅适用于直径为 4m 以下的电缆盘。采用木板制动装置制动时，电缆的引出和滚动方向的布置如图 2-31 所示。

电缆盘的结构通常为型钢焊制，其侧板和筒径护板通常用薄钢板焊接，或用木板镶嵌而成。用于充油电缆的电缆盘在筒径内侧的空心骨架上对称焊接有压力箱支架。电缆出厂时电缆盘只装有一个压力箱，另一侧的支架空着，为了保证电缆盘在现场施放电缆时保持平衡，应在空的一侧加装配重块。

（10）电缆敷设辅助工具。玻璃钢穿孔器，它由复合材料制成，较好地结合了刚性及韧性两种特征，具有耐腐蚀、耐磨损、寿命长等特性。它是一种能反复使用的穿孔工具，除能有效提高敷设电缆的工作效率外，还可以测量管道长度、清理管道、验收管道及进行敷设作业。玻璃钢穿孔器外形及参数见图 2-32 及表 2-9。

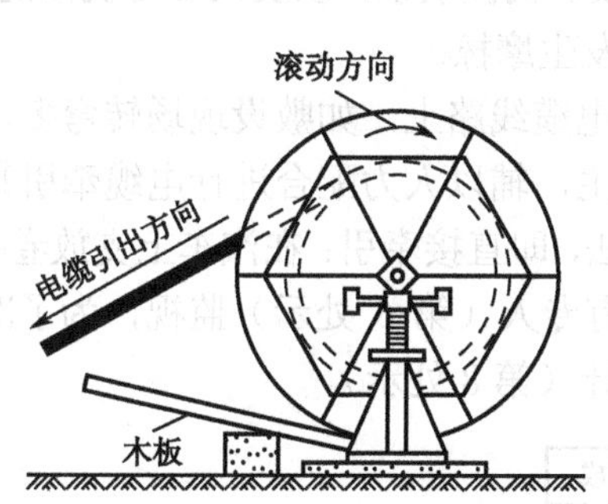

图 2-31　电缆引出方向及电缆盘滚动方向

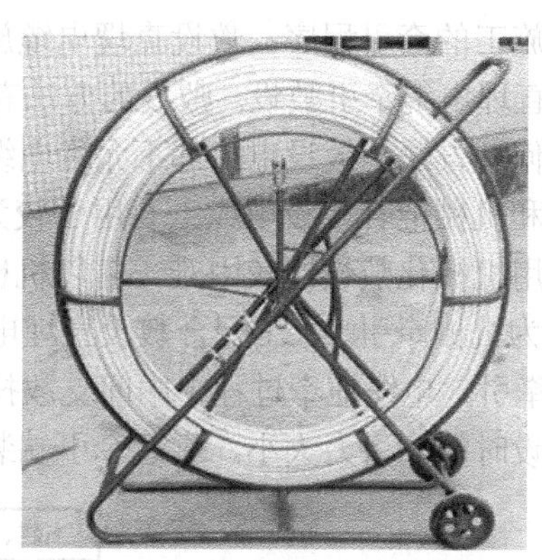

图 2-32　玻璃钢穿孔器实物图例

表 2-9　玻璃钢穿孔器参数表

名　称	参　数
杆径	11～14mm
杆长	100～400m
温度范围	-40℃～80℃
最小弯曲半径	295mm
牵引断裂张力	4.5t
线密度	150g/m

备用压力箱，用于充油电缆线路中因漏油等原因引起油压降低时进行补压，或为截断电缆时进行换接而设置。备用压力箱的油样应合格，充入的油压约为 0.2MPa，并在预先各指定位置安装数个备用压力箱。

（11）控制与信号系统。电缆线路敷设施工因人员、设备较多，为便于控制、安全施工，达到统一行动、统一指挥而设置控制与信号系统。如遥控开关、电铃、电话、对讲机及统一指挥信号和行动规则等。

4．电缆直埋敷设

（1）技术要求。直埋敷设的技术要求有：①按施工组织设计或敷设作业指导书的要求，确定电缆盘、卷扬机或履带输送机的设置地点。②清理电缆沟，排除积水，沟内每隔2～3m即可安放滚轮1个。③电缆沟槽的两侧应有0.3m的通道。施放电缆时，在电缆盘、牵引端、卷扬机、输送机、导管口、转弯角与其他管线交叉等处，应派有经验的人操作或监护，并用无线或有线通信手段，确保现场总指挥与各质量监控点联络畅通。④电缆盘上必须有可靠的制动装置。一般使用慢速卷扬机，牵引速度为6.7m/min，最大牵引力为30 kN，且卷扬机和履带输送机之间必须有联动控制装置。⑤监视电缆牵引力和侧压力，电缆外护套在施工过程中不能受损伤。⑥如果发现外护套有局部刮伤，则应及时修补。⑦在敷设完毕后，应测试护层电阻。110kV及以上单芯电缆外护套应能通过直流10kV且持续1min的耐压试验。

（2）施工的牵引程序。敷设直埋电缆施工的牵引程序可概括为图2-33所示框图。

（3）直埋电缆牵引敷设。敷设的方法有人工敷设、机械敷设，以及人工与机械混合敷设。无论采用何种方法，敷设电缆都不允许电缆与地面发生摩擦。

人工和机械混合敷设电缆主要用于较为复杂的电缆线路上，如敷设现场转弯多、施工难度大，全用机械化敷设比较困难，需以机械牵引为主，辅以人力配合进行电缆牵引敷设。图2-34所示为机械牵引、人工配合敷设直埋电缆的方法，即直接牵引：在汽车上支放卷扬机（第9处示）牵引，电缆拖牵过程中中间支放托辊处派有专人（第5处示）监视，为了准确地掌握电缆敷设时的牵引力大小，靠近牵引端装有张力计（第8处示）。

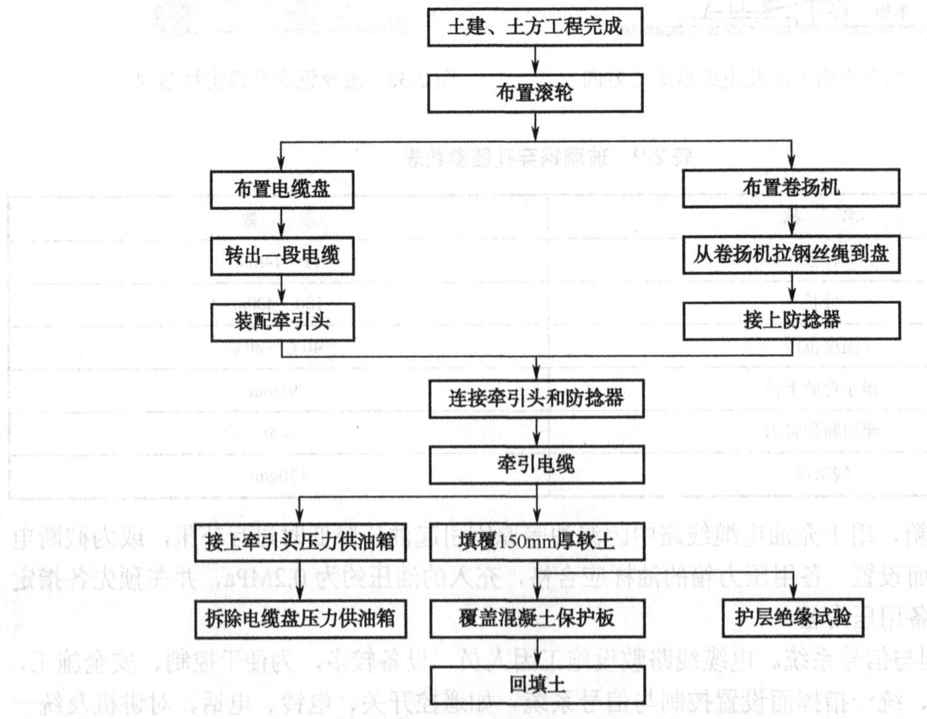

图2-33　直埋电缆的敷设和牵引程序框图

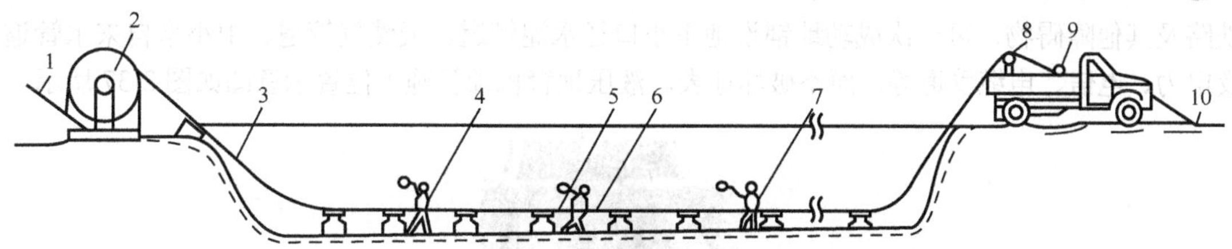

1-制动；2-电缆盘；3-电缆；4、7-托轮监视人；5-牵引头监视人员；6-防捻器；8-张力计；9-卷扬机；10-锚锭装置

图 2-34 机械牵引、人工配合敷设直埋电缆的方法

2.3.3 穿越道路等工程施工

采用电缆直埋敷设方式时，当穿越公路、铁路、城市街道等地区时，应埋设保护管。但在上述地段及不能开挖的道路中通常是用顶管法施工技术设置保护管，电缆保护管由于直径较小，可用顶管法和铁锤冲击法实现保护。

1. 螺旋钻头顶管法施工

螺旋钻头顶管法施工，适用于路宽在 20m 以内的硬土、黏土地段。基本施工如下：

（1）首先在电缆穿越道路处的两端各挖一个操作坑。在施工时应注意校正两坑中心的连线应与道路的中心线垂直。坑长为顶管的长度加自制钻头、千斤顶、道木垫的长度的总和，宽度则以便于操作为限即可，一般宽度为 2m，深为 1.7～1.8m。

（2）用一端套有丝扣长为 1m 的钢管（直径ϕ80mm），在另一端锻制成 40° 的尖状并在外面焊接一角钢螺纹刀套丝（30mm×30mm×3mm，螺距为 80～100mm）后，按图 2-35 的方法将钻杆装配好，并找平找正。操作千斤顶使钻杆顶入路基，待第一个行程顶升完后，可再垫入道木，继续顶入，直至将第一根钻杆全部钻入路基。注意在进行顶入施工时，除必须保证上述垂直和平行的技术指标外，同时还要给钻杆以推力，并严格控制，不得有钻杆摇摆现象出现。

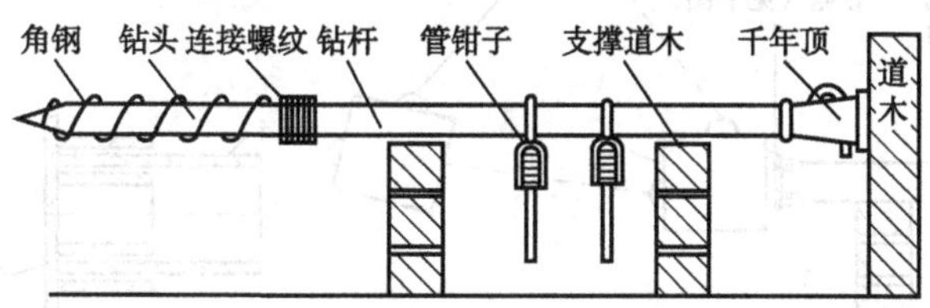

图 2-35 螺旋钻头顶管法布置示意图

（3）接上一根管子，先用千斤顶顶一下，再用钳子旋转，直到钻透为止，待操作完毕后退出钻杆。

（4）将做好防腐蚀处理的保护管套扣连接，一节一节送入钻孔内。为了保护电缆，应将穿后的保护钢管用气焊烤制成喇叭口或套装喇叭。该法的另一施工特点是可直接将钻杆作为保护管，一次做好不再抽出，只将钻头卸下即可。

2. 液压顶管机施工

液压顶管机施工（如图 2-36 所示为液压顶管机外形），可在地表 1.2～3.5m 以下穿越公路、铁路及其他障碍物，可一次成功地铺设地下小口径水泥管道、天然气管道、中小型自来水管道及电力、电信、电缆管道等，而不破坏地表。液压顶管机顶管施工位置示意图如图 2-37 所示。

图 2-36 液压顶管机外形

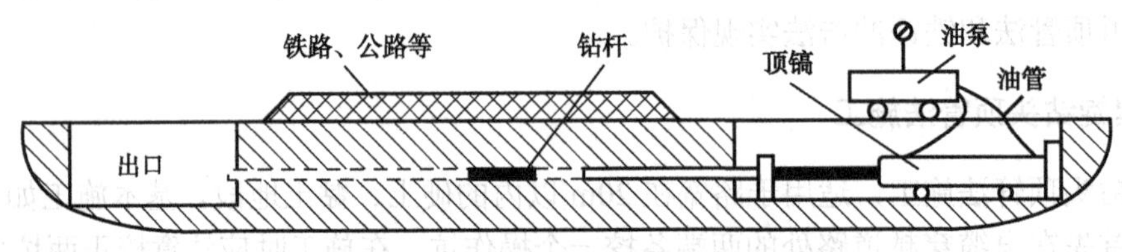

图 2-37 液压顶管机顶管施工布置示意图

3．铁锤冲击顶管法施工

铁锤冲击法仅适用于软土、灰渣、砂砾土或路面不宽的场所。施工时，同样在道路的一端挖一操作坑，其长度为保护管加锤的冲击距离，另一端可挖小坑，其余要求同螺旋钻头顶管法一致。图 2-38 所示为铁锤冲击顶管法施工布置示意图，该法的施工原理是利用铁锤自摆打击管顶帽，使管向前进，直到打通为止。

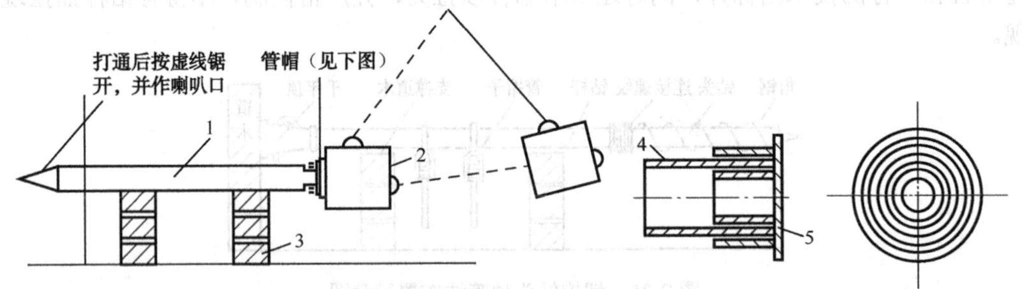

1-保护管；2-铁锤；3-道木；4-管子；5-管帽

图 2-38 铁锤冲击顶管法施工布置示意图

2.3.4 采用钢丝线绑扎牵引敷设电缆施工

电缆牵引敷设可采用钢丝绳绑扎牵引施工。当敷设电缆没有辅助牵引机具（如电动滚轮、履带牵引机等），同时经计算的牵引力或侧压力大于允许值时可采用图 2-39 所示的方法：在电缆盘侧配置一盘和电缆同长的钢丝绳，以便和电缆同时敷设，而牵引钢丝绳的牵引力只作用在绑扎了电缆的钢丝绳上，电缆绑扎采用尼龙绳（每隔2m 绑扎一道）扎紧，直到整个牵引完成，敷设完后应将所用绑扎尼龙绳解开并将钢丝绳回收，整个牵引工序即算完成。

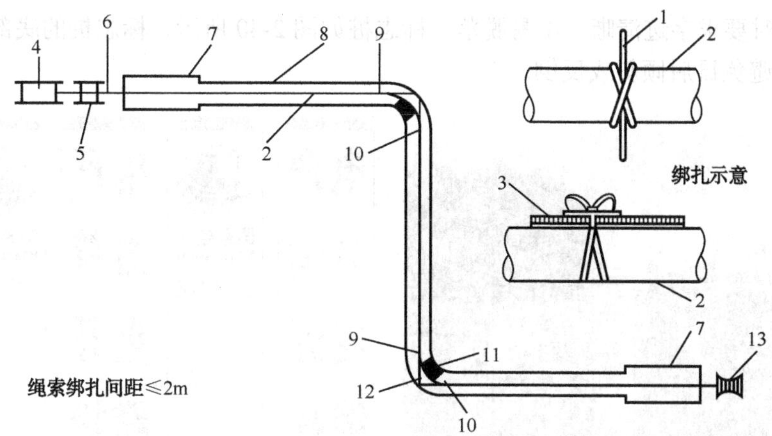

1-绑扎绳索；2、6-牵引钢丝绳；3-电缆，4-电缆盘；5-装在拖车上的钢丝绳盘；7-接头坑或接头井；8-电缆沟或道；9-进单轮滑车前解除绑扎绳索；10-再绑扎；11-弧形护套；12-单轮滑车；13-卷扬机

图 2-39　采用钢丝绳绑扎牵引敷设电缆施工示意图

钢绳绑扎在电缆上需用尼龙绳而不用麻绳，是因为尼龙绳的弹性变形比麻绳稍大些，借助尼龙绳的弹性作用，可使得所绑的绳扣能均匀受力。

2.3.5　电缆埋设施工的其他工艺

1．埋设隔热层

埋设电缆时应与热力管道交叉平行敷设，如不能满足最小允许距离，则应在接近或交叉点前后 1m 的范围内作隔热处理。隔热材料一般都采用 250mm 的泡沫混凝土、石棉水泥板、150mm 厚的软木或玻璃丝板。所用材料必须具有隔热和防腐蚀的性能。根据规定所埋设的隔热材料应比热力沟的宽度宽，两边应各伸出 2m。电缆沟宜从隔热后的沟的下面穿过，任何时候不能将电缆平行敷设在热力沟的上方和下方。穿过热力沟部分的电缆除采用隔热层外，还应穿石棉水泥管保护。

2．覆土填沟

全部电缆展放在滑轮上后，就可逐段将电缆提起移出滑轮放在沟底，并检查电缆有无损伤。然后在上面覆以 100mm 厚的软土或砂层盖没电缆，并对电缆外护套进行电压为 10kV，时间为 1min 的直流耐压检验，以检验外套在电缆牵引过程中是否有损，检验合格后，在软土层或砂层上再覆盖一层厚约 50mm 的钢筋混凝土板或具有醒目标志的识别板，防止检修挖掘时误伤电缆。最后可在保护板上用杂土回填至地面。

直埋电缆回填土前，应经隐蔽工程验收合格。回填土应无杂物，且每回填 0.2～0.3m 整实一次，为防松土沉降，最后一层应高出地面 0.1～0.2m。

3．埋设电缆标示桩并绘制竣工图

（1）电缆标示桩。电缆沟回填完成后，即可在规定地点埋设电缆标示桩。在建筑物不密集的地段，应沿电缆线路路径每隔 100～200m 及在线路转弯处埋设用水泥制作的“下有电缆”标志桩。标志桩上应注明电缆线路设计编号、电缆型号、规格及起始点，并联使用的电缆应有顺序号，同时要求字迹清晰、不易脱落。标志桩如图 2-40 所示，标志桩的底部宜浇在水泥基础内，以此避免日后倾斜或反倒。

图 2-40　电缆线路标志桩装置示意图

（2）绘制电缆竣工图。电缆竣工图应在原始设计图纸的基础上进行绘制，凡与原设计方案不符的部分，均应按实际敷设情况在竣工图中予以更正，以方便日后运行检修。电缆工程竣工后，应完成精确的电缆竣工图。内容包括设计及更改后实际的电缆走向、电缆与沿途各参照物之间的相对位置、各主要位置的电缆排列断面图等。对于绘制电缆竣工图的具体要求有：①比例，一般为 1∶500，根据实际需要，地下管线密集处可取 1∶100，管线偏少段可取 1∶1000。②标志符号（如常用的道路建筑的简单图形符号）。③记录栏，为运行和检修方便，可在竣工图下方设记录栏，以便日后检修和图纸修改时进行记录。

2.3.6　排管内电力电缆的敷设

排管用的管材有硅砂玻璃纤维环氧树脂复合管、吸冲击聚乙烯管，敷设三芯电缆还可以使用钢管、铸铁管或钢筋混凝土压力管。随着塑料技术的应用，在实际中更多采用高强度塑料管，从而省去了混凝土浇筑程序。排管的衬管常用纤维水泥管、聚氯乙烯波纹塑料管、高强红泥塑料管等。

1．排管敷设电缆的程序

（1）检查排管中管与管的连接。目前普遍采用承插式接口，即管的小头插入另一管大头的连接口。因此，牵引电缆的方向必须自管的大头至小头逆向牵引，以防止电缆外护层在牵引过程中被擦损。

对由排管块组成的插销连接，施工前，还需检查管孔是否错位，检查的机具除可用图 2-41 所示的排管疏通棒（俗称铁牛）外，还可采用专用的管孔内壁检查工业电视机来完成。

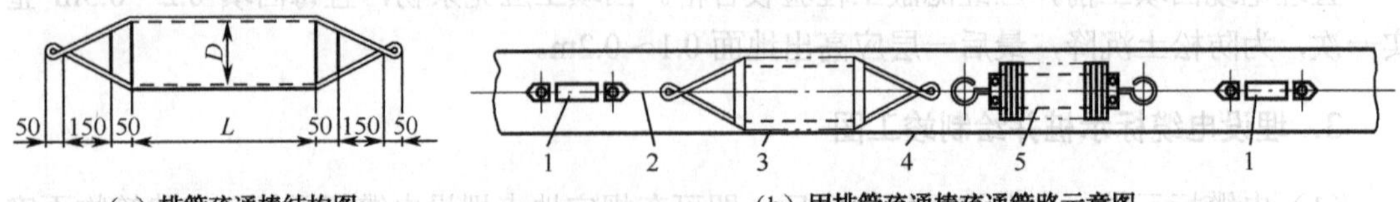

（a）排管疏通棒结构图　（b）用排管疏通棒疏通管路示意图

1-防捻器；2-钢丝绳；3-排管疏通棒；4-管路；5-圆形钢丝刷

图 2-41　排管疏通棒疏通管路示意图

疏通棒的规格尺寸如表 2-10 所示。

表 2-10　疏通棒的规格尺寸

管 路 内 径	疏通棒外径 D	疏通棒长度		
250	240	1000	800	600
200	190			
175	165			
150	140			
130	120			
100	90			

（2）排管电缆牵引。电缆排管敷设的工具与直埋电缆基本相同。图 2-42 所示为排管内敷设电缆牵引方式布置示意图。排管内敷设电缆的牵引，可以在一孔内同时牵引三根电缆，但应校核阻塞率。排管内敷设电缆牵引的方法，通常是把电缆盘放在井底面较高的人井口外边一侧，然后用预先穿过排管的钢丝绳与电缆牵引端连接，拖过排管引到另一个井底面较低的人井。

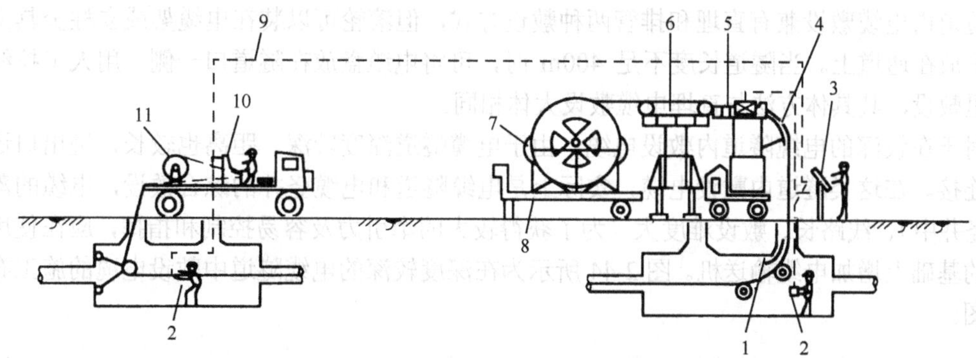

1- R 形护板；2-卷扬机按钮；3-卷扬机及履带牵引机控制台；4-滑车组；5-履带牵引机；6-敷设脚手架；7-手动电缆盘制动装置；8-电缆盘拖车；9-卷扬机遥控及通信用控制电缆；10-卷扬机控制台；11-卷扬机

图 2-42　排管内敷设电缆牵引方式布置示意图

牵引力的大小与排管对电缆的摩擦系数有关，一般为电缆重力的 50%～70%。当排管电缆线路中间有弯曲部分时，为了减少电缆在敷设过程中的拉力，宜将电缆盘放在靠近排管弯曲一端的人井外边。

2.3.7　桥梁、隧道等构筑物的敷设方式和方法

1．电力电缆在桥梁上敷设

在桥梁上敷设电缆的方式应根据桥梁的结构及特点决定。电缆能否借用城市桥梁跨越江河，首先要考虑交通、行人、桥梁和电缆本身的安全，还要视敷设所需的空间，以及对桥梁所增加的荷重确定。

敷设在桥梁上的电缆，应有防震措施，如垫以弹性材料制成的衬垫；露天敷设电缆应避

免阳光直接照射，必要时可以加装遮阳罩，以免电缆过热老化；使用裸露铠装电缆时还应涂沥青漆以防止生锈。在桥的两端靠近平地处和桥伸缩处应留有电缆松弛部分，以防电缆由于桥结构胀缩而受到损坏。木桥上敷设的电缆应穿在铁管中，在其他材料的桥上敷设电缆时，应敷设在人行道下的电缆沟中或由耐火材料制成的管中。在跨度较大的桥梁上敷设时，还要采取特殊措施来防止由于桥梁的热伸缩、挠曲和振动而加速电缆金属护套疲劳。图 2-43 所示为吸收桥梁热伸缩的敷设方法。

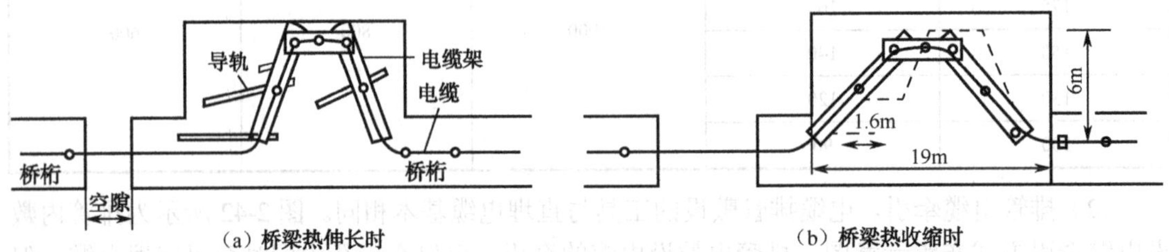

图 2-43　吸收桥梁热伸缩的敷设方法

2. 电力电缆在隧道内敷设

隧道内电缆敷设兼有直埋和排管两种敷设方式，但滚轮可以装在电缆架或立柱金具上，也可平放在通道上。当隧道长度不足 400m 时，可将电缆盘放在隧道口一侧，用人工拉线向隧道里敷设，其具体方法与直埋电缆敷设大体相同。

对于在较深的电缆隧道内敷设电缆，由于电缆隧道深度较深、距离也较长，进出口还有竖井连接。在这类隧道内敷设电缆，实际上是电缆隧道和电缆竖井的综合敷设，电缆的落差大（竖井中）、线路长、敷设难度大。为了获得较大的牵引力及容易控制和指挥，应在使用卷扬机的基础上增加电缆输送机。图 2-44 所示为在深度较深的电缆隧道中敷设电缆的施工布置示意图。

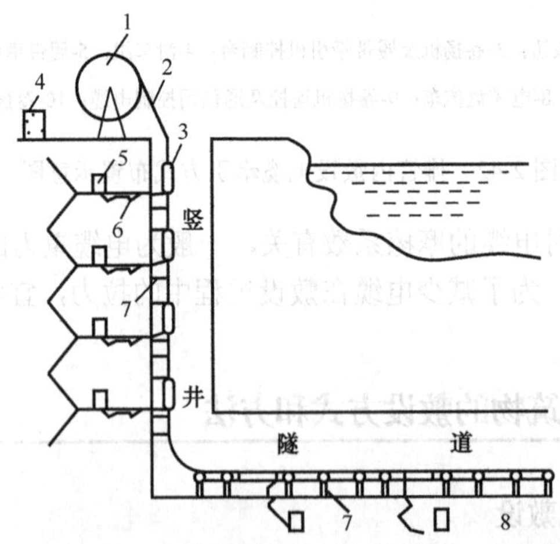

1-电缆盘；2-电缆；3-电缆输送机；4-联动装置控制台；5-联动装置；6-控制线；7-电缆支架；8-滚轮

图 2-44　在深度较深的电缆隧道中敷设电缆的施工布置示意图

图 2-45 所示为在过江隧道内敷设电缆的施工情况，电缆输送机事先临时固定于隧道和竖井的支架上（具体位置应根据牵引力的计算来确定），它们与卷扬机（在另一竖井出口处，图

中未画出）都由一个联动装置控制，控制装置的控制台设置在电缆盘（置于竖井的顶部）附近，通过它来控制电缆的展放速度并使之保持一致。

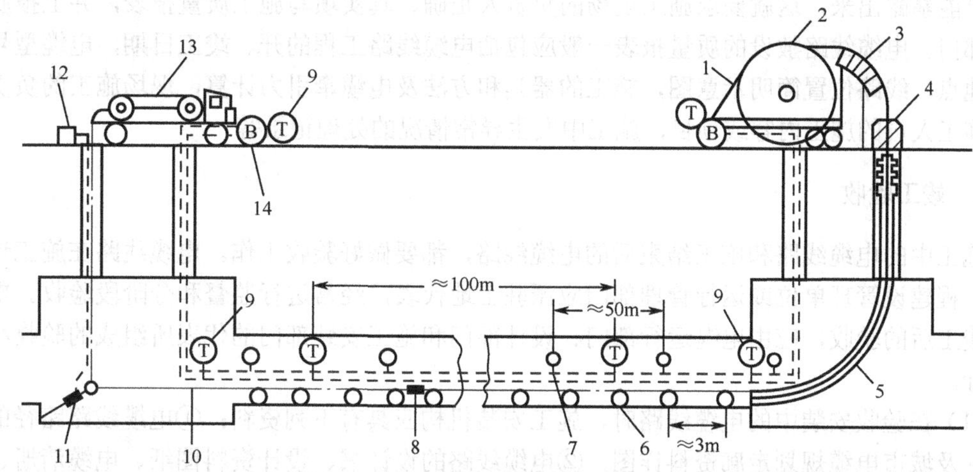

1-电缆盘手动装置；2-电缆盘；3-上弯曲滑轮组；4-履带牵引机；5-波纹保护管；6-滑车；7-紧急停机按钮；8-防捻器；9-电话；10-牵引钢丝绳；11-张力传感器；12-张力自动记录仪；12-卷扬机；13-紧急停机音响报警器

图 2-45　隧道中敷设电缆

敷设时，起动输送机将电缆逐渐从竖井中送入，电缆的一端由输送机以接力的方式输送至所需的位置。当电缆展放到另一端竖井底处后，此时该竖井顶部的卷扬机将开始提升电缆的工作，与在竖井临时安装的电缆输送机（起夹紧、输送作用）一同将电缆提送至井口，完成电缆的展放工作。

导线截面较大的电缆，由于热胀冷缩，机械力有较大的移动量，或在设有坡度的隧道内以及由于电缆绕在盘上时的残剩弧状变形，使得电缆向下滑或自由拱起。因此，通常采取蛇形敷设方式，以便减少上述现象的移动量和分散金属护套的蠕变应力，其蛇形节距一般以 4～6m 为宜，偏幅的波幅值一般定量取节距的 5%。

另外，由于敷设在隧道中的电缆和电缆之间没有隔离层，若某一根电缆因击穿而起火，就将蔓延到全部在隧道中的电缆，因此必须按规定做好防火措施。

2.3.8　电缆敷设质量管理及竣工验收

电力电缆线路安装敷设场所有很多种，无论哪种场所都应实现一次工程竣工验收合格。而优质的施工质量是与现场施工人员的工作责任心密切相关的，必须高度重视。

1. 现场施工的质量检验

现场施工的质量检验，包括三个方面。

（1）自检，即每个施工人员对自己具体施工部分进行的检查，除要求有较好的施工技术水平外，还必须有一定的责任意识。待自检合格后方可进行互检。

（2）互检，即同一施工现场的人员相互检验，以便能发现问题自行解决，尤其是关键的工序和全部工作结束时，要认真检查施工的质量，发现质量问题要及时解决，做到严把质量关，确保施工质量。

（3）作为质量管理的职能部门应严格履行监督管理职能，并不定期、不定点派人到施工现场进行质量监督及检查。由于电缆线路的隐蔽性，有些质量问题要待其线路运行一段时期后才可能暴露出来，这就要求施工现场的负责人正确、真实填写施工质量报表，并上报质量管理部门。电缆线路敷设的质量报表一般应包括电缆线路工程的开、竣工日期，电缆型号和起止地点，线路位置简明示意图，施工的器具和方法及电缆牵引力计算，现场施工的负责人和各施工人员的施工内容或项目，施工中发生异常情况的处理记录等。

2. 竣工验收

施工中的电缆线路和施工结束后的电缆线路，都要做好验收工作。电缆线路在施工过程中，工程建设管理单位或运行管理部门应派驻工地代表，经常进行监督和分阶段验收。电缆线路竣工后的验收，应由电缆运行部门、设计部门和施工安装部门的代表所组成的验收小组来进行。

（1）在验收安装中的电缆线路时，施工安装机构应具有下列资料：①电缆线路路径的协议文件及城市电缆规划走廊资料详图；②电缆线路的设计书、设计资料图纸、电缆清册、变更设计的证明文件、电缆线路路径敷设位置图和平面图；③制造厂提供的产用说明书、试验记录、合格证件等技术文件；④电缆线路的原始记录，包括型号、规格、长度、电压、终端和接头的形式及安装日期；⑤敷设和安装后的试验资料等。

（2）对于隐蔽工程应在施工过程中进行中间验收，并做好签证手续。

（3）在验收时，施工安装单位应提交施工验收中的全部资料。同时应按下述要求进行检查：①电缆规格应符合规定、排列整齐、无机械损伤，标志牌应装设齐全、正确、清晰；②电缆的固定、弯曲半径，有关距离和单芯电力电缆的金属护层的接线、相序排列等应符合要求；③电缆终端、电缆中间接头及充油电缆的供油系统应安装牢固，不应有渗漏现象；充油电缆的油压及表计整定值应符合要求；④接地应良好，充油电缆及护层保护器的接地电阻应符合设计要求；⑤电缆终端的相色应正确，电缆支架等金属部件的防腐层应完好；⑥电缆沟内应无杂物、盖板齐全，隧道内夹层、竖井中应无杂物，照明、通风、排水等设施应符合设计要求；⑦直埋电缆路径标志应与实际路径相符；路径标志应清晰、牢固，间距适当，安装位置符合设计要求；⑧电缆线路的防火措施应符合设计要求，并且施工质量合格，检查电缆线路引出线的安全距离符合有关标准的规定要求。

思考与练习

1. 如何根据经济电流密度选择电缆截面？
2. 电缆线路直接埋设有哪些优点？
3. 电缆隧道敷设有哪些优点？
4. 中低压电力电缆线路敷设有哪些要求？
5. 电力电缆直埋敷设有哪些技术要求？

第 3 章　中低压电缆附件及制作

3.1　电缆附件的概念及构成

3.1.1　电缆附件的概念

电缆附件是电缆线路中电缆与电力系统中其他电气设备相连接和电缆自身连接不可缺少的组成部分。在电缆线路中，电缆附件与电缆处于同等重要的地位。电缆附件指的是用于电缆线路之间的连接或电缆线路与电气设备之间的连接，保证电能可靠传输的部件。常用的电缆附件有电缆终端、电缆中间接头、连接管及接线端子、钢板接线槽、电缆桥梁等。

电缆敷设好后，为了使其成为一个连续的线路，各段线必须连接为一个整体，这些连接点就称为电缆接头。电缆线路中间部位的电缆接头称为电缆中间接头，而线路两末端的电缆接头称为电缆终端。电缆终端和电缆中间接头总称为电缆头，或统称电缆附件或电缆接头。

电缆接头按收缩工艺可分为热缩高压电缆接头、冷缩高压电缆接头。按国家标准电压可分为 1kV、10kV、35kV 及以上高压电缆接头。图 3-1 所示为电缆接头在电缆线路中的安装图例。

图 3-1　电缆接头在电缆线路中的安装图例

3.1.2　电缆中间接头

1. 电缆中间接头

由于电缆制造长度有限，在一条电缆线路中间总有若干接头，只有将各电缆连接起来才能正常工作，这种用来连接电缆的附件称为电缆中间接头或简称接头，电缆中间接头的外壳称为电缆中间接头盒。电缆中间接头按其功能分为六种类型，见表 3-1 所示。

表 3-1 电缆中间接头类型

类 型	用 途	应 用
直通接头	连接两根电缆形成连续电路	同型号的电缆相互连接
绝缘接头	将电缆的金属护套、接地屏蔽层和绝缘屏蔽层在电气上断开	较长的单芯电缆线路各相金属护套交叉互联，以减少金属护套损耗
分支接头	将支线电缆连接至主线电缆	支线电缆与主线电缆近乎垂直的接头称为 T 型分支接头，近乎平行的接头称为 Y 型分支接头，在主线电缆某处同时分出的两根分支电缆，称为 X 型分支接头。
过渡接头	两种不同绝缘材料或不同型号的电缆相互连接	油浸电缆与交联电缆的连接
转换接头	连接不同芯数电缆	一根多芯和多根单芯电缆连接的接头
软接头	可以弯曲的电缆接头，制成后允许弯曲呈弧形状	水底电缆的厂制软接头和检修软接头

2. 电缆终端

电缆终端是安装在电缆线路两末端，具有一定绝缘和密封性能，用以保证与电网其他用电设备的电气连接，并提供作为电缆导电线芯绝缘引出的一种装置。

（1）按使用场所不同，电缆终端分为 4 种类型，见表 3-2：

表 3-2 电缆终端类型

特 征	名 称	适 用 环 境
外露于空气中（敞开式）	户内终端	不受阳光直射和雨淋的室内环境
	户外终端	受阳光直射和直接暴露于空气中的室外环境
不外露于空气中（封闭式）	设备终端	被连接的电气设备上带有与电缆相连接的相应结构或部件，以使电缆导体与设备的连接处于全绝缘状态
	GIS 终端	用于 SF6 气体绝缘、金属封闭组合电器中的电缆终端

（2）按其结构和材质分为三类：

① 高压极和接地极之间以无机材料作为外绝缘，并具有容纳绝缘浇铸剂的防潮密封盒体的终端，这类终端的常见类型是瓷套式终端，主要用于户外环境。

② 具有容纳绝缘浇铸剂的防潮密封盒体，其外绝缘不是无机材料的终端，如尼龙终端、手套、酚醛树脂类终端，一般只用于室内环境。

③ 应用高分子材料经现场制作或工厂预制、现场装配的终端。常见型式有预制式终端、热缩式终端和冷缩式终端 3 种。

【知识拓展】 热缩式电缆附件是以橡塑为基本材料，是目前国内技术最为成熟的电缆附件，由于其性能稳定、适用面广、安装快捷、价格低廉等特点，深得用户喜爱。冷缩式电缆附件是电缆行业中的高新技术产品，采用机械手段将具有“弹性记忆”效应的橡胶制件预先扩张，套入塑料骨架支撑，安装时只需将塑料骨架抽出，其性能更加优异、适应性更强、安装更快捷、运行更可靠，在电力行业中广泛应用。预制式电缆附件是在 20 世纪 70 年代末研制成功的新型电缆附件。

（3）按外形结构不同，有鼎足式、扇形、倒挂式等。

3.1.3　电缆附件的性能要求

电缆有导体、绝缘、屏蔽和护层这 4 个结构层。作为电缆线路组成部分的电缆终端、电缆中间接头，必须使电缆的四个结构层分别得到延续。

电缆附件不能由工厂完整地提供基本组件、部件或材料，必须通过现场安装到电缆上之后，才能构成完整的电缆附件。而且由于电缆附件处于电缆进出口及电缆对接部位，位置十分关键，加上需要在现场制作安装，相比电缆来说，其结构与工艺均有较大难度，是电缆线路中最薄弱的环节。

在电缆线路的故障统计中，电缆终端和电缆中间接头的故障次数占据了 80%以上的比例。为了电缆输配电线路的安全运行，应当在以下方面确保电缆终端和电缆中间接头的质量。

1. 基本性能

（1）导体连接良好

电缆导体必须和接线端子或连接管有良好的连接。连接点的接触电阻要求小且稳定。与相同长度、相同截面的电缆导体相比，连接点的电阻比值应不大于 1，经运行后，其比值应不大于 1.2。

电缆终端和电缆中间接头的导体连接试样应能通过导体温度比电缆允许最高工作温度高 5℃的负荷循环试验，并通过 1s 短路热稳定试验。

（2）绝缘可靠

电缆附件的绝缘应能满足电缆线路在各种状态下长期、安全、稳定运行的要求，并有一定的裕度。所用的绝缘材料不应在运行条件下加速老化而导致绝缘能力降低，其绝缘强度应不低于电缆本体的绝缘水平。

电缆终端和电缆中间接头的试样应能通过交/直流耐压试验、冲击耐压试验和局部放电等电气试验。户外终端还要能承受淋雨和盐雾条件下的耐压试验。

（3）密封良好

电缆附件的结构能有效防止外界水分或有害物质侵入绝缘，并能防止内部绝缘剂流失，避免“呼吸”现象的发生，保持气密性。

（4）足够的机械强度

电缆终端和电缆中间接头，应能承受在各种运行条件下所产生的机械应力。终端的瓷套管和各种金具，包括上下屏蔽罩、紧固件、底板及尾管等，都应有足够的机械强度。对于固定敷设的电力电缆，其连接点的抗拉强度应不低于电缆导体本身抗拉强度的 60%。

（5）防腐蚀

应能防止环境对电缆终端和电缆中间接头的腐蚀。

2. 电缆附件的选择原则

各种电缆附件都有其优点和缺点，要保证长期运行的安全性，电缆附件选择就必须符合以下原则。

（1）电气绝缘性能

终端和接头的额定电压 $U_0/U(U_m)$应不低于电缆的额定电压，其雷电冲击耐受电压（即基本绝缘水平 BIL），应与电缆相同。

（2）附件的耐热性

电缆附件材料除了电气老化外，还有热老化问题，材料在长期的热状态下运行，会对安全运行和使用寿命产生影响，因此电缆附件除了考虑介质损耗发热外，还应考虑导体不良接触发热、热阻率和散热能力等因素。否则，再好的绝缘因为热量散发不出去也会造成局部热量集中，当这个热量达到材料的最高极限时，材料就会分解或软化，从而使绝缘出现热击穿。

（3）电缆附件结构的合理性

电缆附件中结构的合理性十分重要。如果结构不合理，当在某处出现电场集中时，再厚的绝缘也无法阻止击穿的发生。即使绝缘结构设计安装合理，但如果在密封结构上不注意，如运行中进入潮气后同样会导致击穿。

（4）工艺性

电缆附件安装时，应严格遵守制作工艺流程，因为这些工艺流程，都是经过千百次试验安装编写出来的，它能保证在电缆附件安装后长期可靠运行，特别是近年来新发展的几种附件，如冷缩、预制、接插式附件，工艺要求都很严格。千万不能把工艺简单和工艺要求低等同看待，越是工艺简单的附件如预制件接插式附件，它们的工艺要求越严格。

（5）满足环境要求

终端和接头应满足安装环境对其机械强度与密封性能的要求。电缆终端的结构类型与电缆所连接的电气设备的特点必须相适应，设备终端和 GIS 终端应具有符合要求的接口装置，其连接金具必须相互配合。户外终端应具有足够的泄漏比距、抗电蚀与耐污闪的性能。

【知识拓展】 泄露比距是电气设备外绝缘的泄露距离与所在电力系统额定线电压的比值。

3．影响电缆附件质量的主要因素

（1）电气绝缘性能，即绝缘材料的绝缘电阻、击穿强度、介电常数、介质损耗、热性能等；

（2）电缆的质量和电缆敷设时的影响；

（3）安装工艺影响，主要是工艺合理性以及安装人员的技术水平；

（4）环境影响，主要有安装环境（湿度过大、灰尘过大）和运行环境（日晒、雨淋、污染、气温变化等）。

3.2 中低压电缆附件类型

3.2.1 热缩电缆附件

热缩电缆附件是目前国内技术最为成熟的电缆附件，已有 20 余年挂网运行经验，性能稳定、适用面广、安装快捷、价格低廉，深得用户喜爱。

【知识拓展】 20 世纪 80 年代中期开始，挤包绝缘电缆被广泛应用，与其配套的各种电缆附件也相继涌现，这些电缆附件一般都是按其成型工艺来命名的。热缩材料是以橡塑为基本材料，用辐射或化学方法使聚合物的线性分子链交联成网状结构，获得“弹性记忆效应”，经扩张至特定尺寸，使用时适当加热即可自行回缩到扩张前的尺寸，这种特性即称为交联高分子的“记忆效应”。

1. 热缩电缆附件的特点

热缩电缆附件如图 3-2、3-3、3-4 和 3-5 所示，它具有以下几个特点：

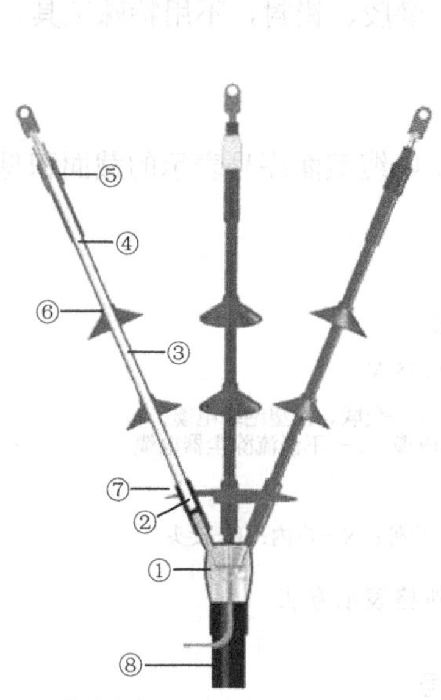

1-热缩支套；2-应力管；3-绝缘管；
4-密封管；5-标记管；6-单孔雨裙；
7-三孔雨裙

图 3-2 热缩电缆附件（终端）及安装结构

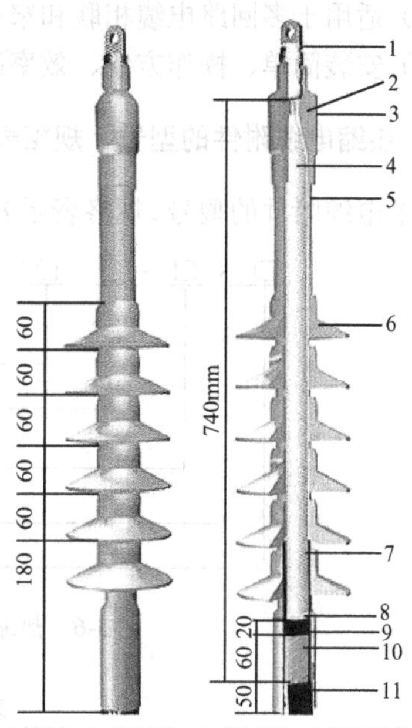

1-端子；2-密封胶；3-密封管；4-线芯绝缘；
5-绝缘管；6-雨裙；7-应力管；8-应力疏散胶；
9-半导层；10-铜屏蔽；11-电缆护套；

图 3-3 热缩电缆附件（26/35kV 交联电缆）中间连接外形及基本组成结构

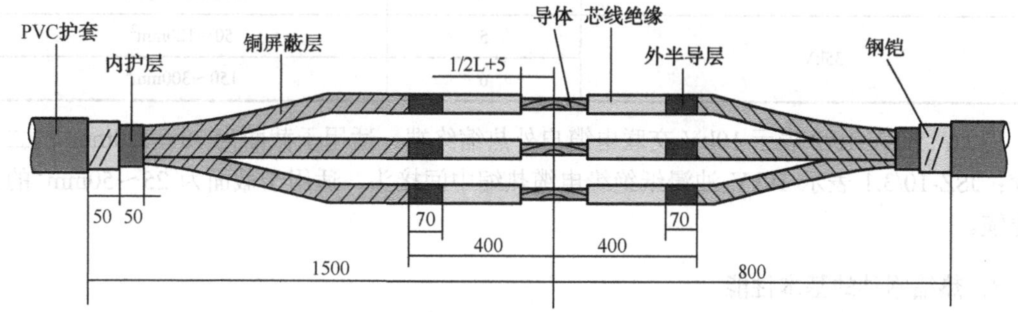

图 3-4 35kV 交联电缆三芯热缩中间接头

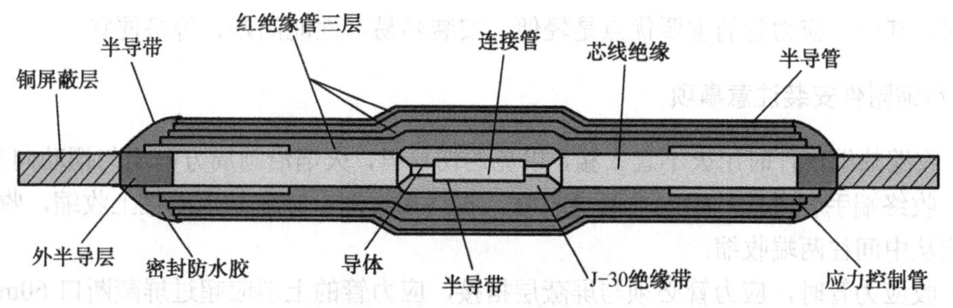

图 3-5 35kV 交联电缆热缩中间连接单相安装结构示意图

（1）热缩电缆附件可用于严寒、湿热、沿海和工业污染地区，可安装于户内和户外环境，适用于油浸纸绝缘电缆和橡塑绝缘电缆；

（2）一套附件可适用于多个规格截面的电缆；

（3）适用于多回路电缆相联和窄小的配电柜；

（4）安装简单、操作方便、效率高。它不用包绕、灌胶、铅封，不用特殊工具。

2. 热缩电缆附件的型号、规格表示方法

热缩电缆附件的型号、规格表示方法如图 3-6 所示。电缆截面序号表示的截面积见表 3-3。

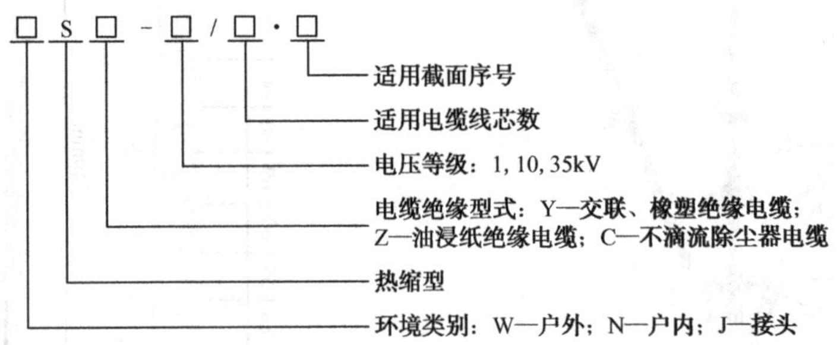

图 3-6 热缩电缆附件的型号、规格表示方法

表 3-3 电缆截面序号

型 号	序 号	截 面 积
10kV 及以下	1	25～50mm^2
	2	70～120mm^2
	3	150～240mm^2
	4	300mm^2 及以上
35kV	5	50～120mm^2
	6	150～300mm^2

例如：WSY-10/2 表示 10kV 交联电缆户外热缩终端，适用于截面为 70～120mm^2 的二芯电缆；JSZ-10/3.1 表示 10kV 油浸纸绝缘电缆热缩中间接头，适用于截面为 25～50mm^2 的三芯电缆。

3. 热缩附件的基本性能

热缩附件因弹性较小，运行中热胀冷缩时可能使界面产生气隙。为防止潮气侵入，必须严格密封。其中，应力管的主要优点是轻便、安装容易、性能尚好、价格便宜。

4. 热缩附件安装注意事项

（1）收缩热缩附件时用火不宜太猛，以免灼伤材料，火焰沿圆周方向均匀摆动向前收缩；

（2）收终端手套时应从中间往两端收缩，收终端收缩管时应从下端往上收缩，收中间热缩管时应从中间往两端收缩；

（3）收应力管时，应力管必须与屏蔽层搭接，应力管的上端应超过屏蔽断口 60mm 以上的长度；

（4）安装接头时应注意：①应力管不要搭到铜屏蔽层上，只需搭在外半导电层上；②电缆绝缘的端部必须削成锥体，锥面要求光滑；③在压接连管前应先检查所有配件是否都套入电缆。

3.2.2 预制式电缆附件

预制式电缆附件，又称预制装配式电缆附件，是在20世纪70年代末研制成功的新型电缆附件，在中低压挤包绝缘电缆线路中应用很普遍。按结构和安装操作方式的不同可将预制式电缆附件分为两类。其中一类是在工厂组合成一体，即仅将电缆附件需要的增强绝缘和屏蔽层（包括应力锥）在工厂制作时就组合成一体，现场套装在经过处理后的电缆末端或接头处，电缆导体连接方式以及电缆接头电气设备方式仍与其他电缆附件相同。

1. 产品规格型号表示

预制式电缆附件产品规格型号表示方法如图3-7所示。例如：10kV单芯电缆，截面为240mm^2，预制式的户内终端，即表示为NYZ-10/1.9。

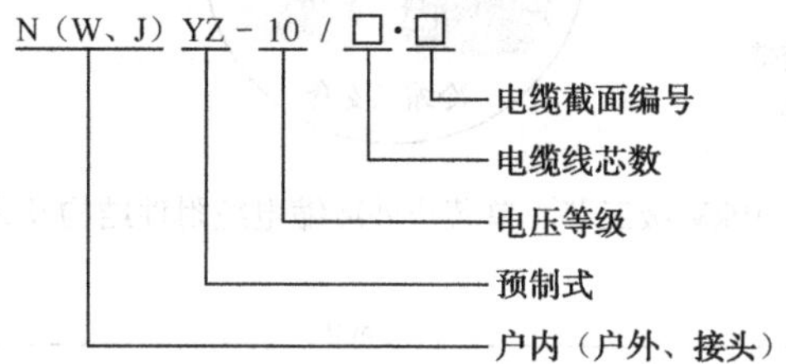

图3-7 预制式电缆附件产品规格型号表示方法

2. 预制式电缆附件的特点

（1）由于材料性能优良，无需加热即可安装，同时有良好的弹性，使得界面性能得到较大改善。不仅给现场安装带来方便，更重要的是将电缆中间接头和电缆终端的增强绝缘盒屏蔽层在工厂就预先做成一个整体，从而将现场安装制作带来的各种不利因素的影响降低到最低程度。因而成为近年来中低压以及高压电缆采用的主要形式；

（2）该类电缆附件存在的不足在于对电缆的绝缘层外径尺寸要求高，通常的过盈量在2～5mm（即电缆绝缘外径要大于电缆附件的内孔直径2～5mm）之间，过盈量过小，电缆附件将出现故障；过盈量过大，电缆既不方便安装，又常常成为故障点。另外，还应注意附件的尺寸与待安装的电缆的尺寸配合要符合规定的要求。为了便于安装也需采用硅脂润滑界面，填充界面的气隙，而保证安装后的紧密性，除靠自身橡胶弹力起一定密封作用外，有时还采用密封胶及弹性夹具增强密封。

3.2.3 冷缩式电缆附件

冷缩式电缆附件，是电缆附件行业中的高新技术产品。因其采用了冷收缩技术（又称预扩张技术），即采用机械手段将具有“弹性记忆”效应的橡胶制件在其弹性范围内预先扩张，套入塑料骨架支撑固定。安装时，只需将塑料骨架抽出，橡胶制件迅速收缩并紧箍于被包覆物上，使得电气附件的性能更加优异、适应性更强、安装更快捷、运行更可靠。如图3-8、图3-9所示为冷缩式电缆附件。

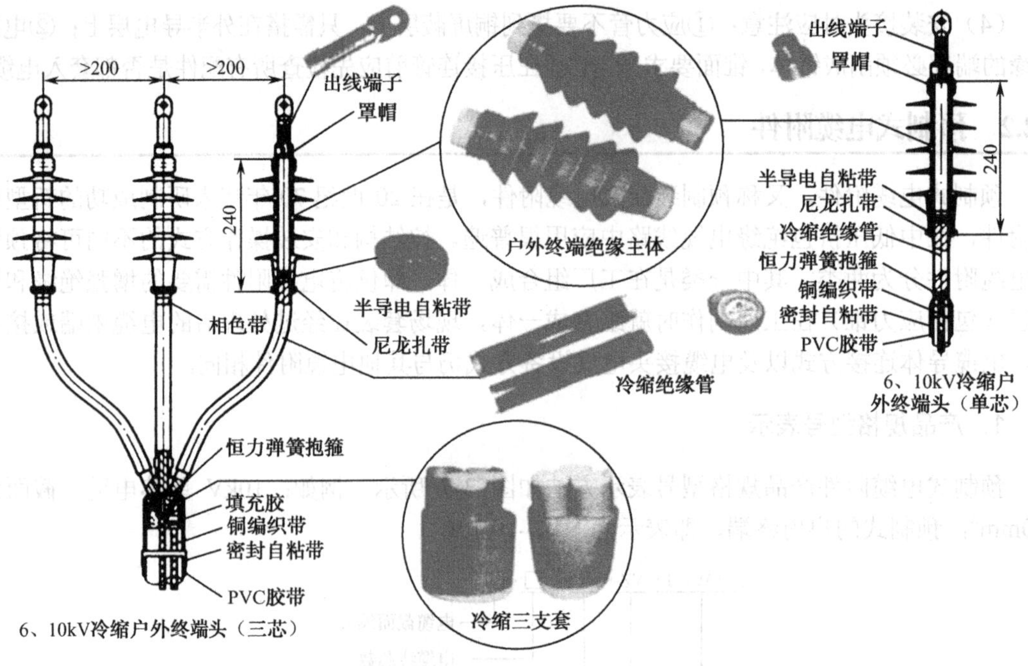

图 3-8　6kV、10kV 级三芯、单芯户外冷缩电缆附件结构及终端头作法图

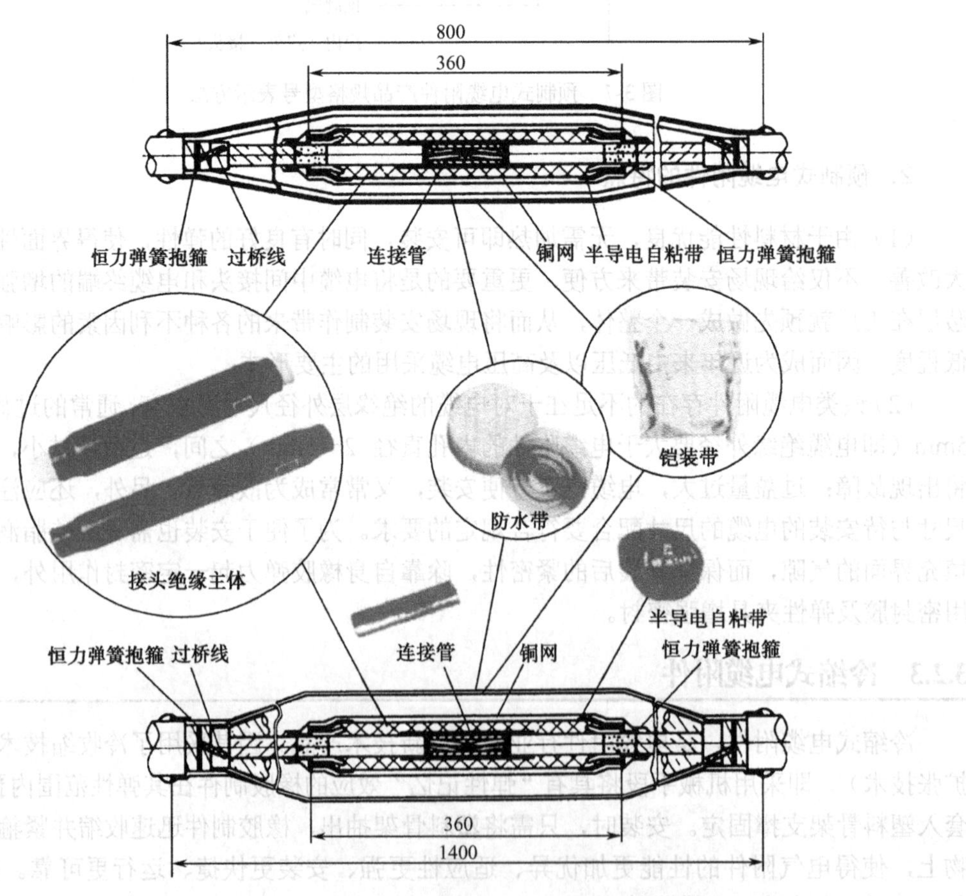

图 3-9　6kV、10kV（常规型）冷缩中间结构及作法图

1．冷缩式电缆附件的特点

冷缩式电缆附件省去了热缩产品所需采用火焰加热带来的麻烦和不安全因素，其主要特点如下：

（1）安装便利。采用冷缩技术，无需动火及特殊工具，也无逐渐套入的麻烦，只需轻轻抽取芯绳；接地采用恒力弹簧，无需焊接或铜绑线，施工省时省力省空间，对于施工空间狭小的场所尤其适合。

（2）用预扩张技术。冷缩电缆附件终端在制作时，采用预扩张技术构造，因此每种规格可适用于多种电缆线路，对电缆线路的兼容性强。

（3）结构紧凑。冷缩电缆附件终端头从结构上讲，为整体预制式紧凑设计。电应力控制管、外绝缘保护及雨裙设计成一体化，多适用于聚乙烯电缆，交联聚乙烯电缆和乙丙橡胶电缆等。

（4）性能可靠。冷缩电缆附件终端的电应力常数、介电强度、绝缘电阻和介质损耗因数保持长期稳定，通过此种应力控制方法，可将终端表面的高电场强度降至15V/mm的安全范围，高电位移向电缆末端，而不是集中在电缆屏蔽切断处附近，从而使电缆终端外绝缘电场分布趋于均匀。因而提高了外绝缘的放电电压，并且使整个电缆终端直径减小，形状系数增大，其效果是提高了放电电压。

（5）良好的疏水性能。冷缩电缆终端外绝缘材料为高品质硅橡胶材料，水滴在上面会自动滚落，不形成导电的水膜，故具有良好的疏水性能。此外，它有极强的绝缘性、抗电痕性、耐腐蚀性及抗紫外线性，保证长期使用性能稳定。

（6）冷缩式附件。从扩张状况还可分为工厂扩张式和现场扩张式两种。一般35kV及以下电压等级的冷缩式附件多采用工厂扩张式，其有效安装期在6个月内，但最长安装期限不得超过两年，否则电缆附件的使用寿命将受到影响。66kV及以上电压等级的冷缩式附件则多为现场扩张式，安装期限不受限制，但需采用专用工具进行安装（一般附件制造厂均能提供专用工具），安装十分方便，且安装质量可靠。冷缩式电缆附件系列产品，还根据使用情况分户内和户外用电缆附件。

2．冷缩式电缆附件的安装注意事项

（1）安装前检查冷缩件，不允许有开裂现象，同时应避免利器和刀片划伤冷缩件；

（2）安装前不要抽取冷缩件的支撑骨架；

（3）三芯终端三叉口包绕填充胶后，在填充胶的上半部分包一层PVC胶带，以免抽骨架时把填充胶抽出来；

（4）严格按工艺尺寸进行剥切，并作好临时标记，冷缩件收缩好后应与标记齐平；切冷缩绝缘管时不可造成纵向切痕；

（5）安装接头时，冷缩件骨架条伸出端应先套入较长的一端以便抽拉骨架；

（6）安装接头时，电缆绝缘终端头不能削成锥体，压接伸长后应重新确定两绝缘之间的中心位置，以此中心为标准向一端量取工艺尺寸并作好标记，连接管压接打磨后不要包绕任何绝缘带，只需冷缩件收缩即可。

3. 冷缩式电缆附件型号表示

冷缩式电缆附件型号表示如图 3-10 所示。

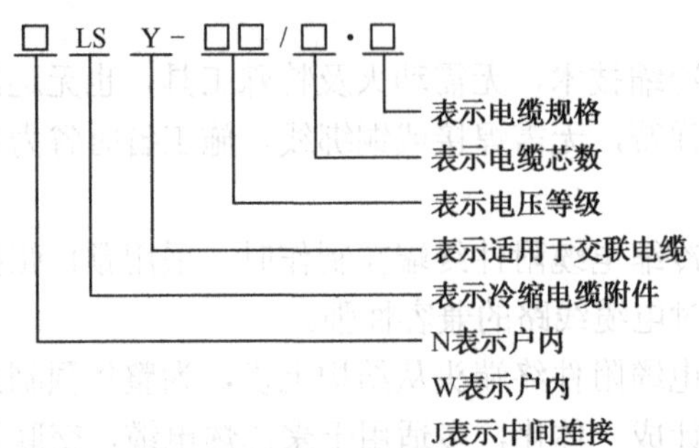

图 3-10 冷缩式电缆附件型号表示

3.2.4 浇注式终端

浇注式终端由预制式外壳、套管和上盖三个部分组成。在现场进行安装时将液体或加热后呈液态的绝缘材料作为终端的主绝缘，浇注在现场配好的壳体内，一般用于 10kV 及以下的油浸纸绝缘电缆终端中。

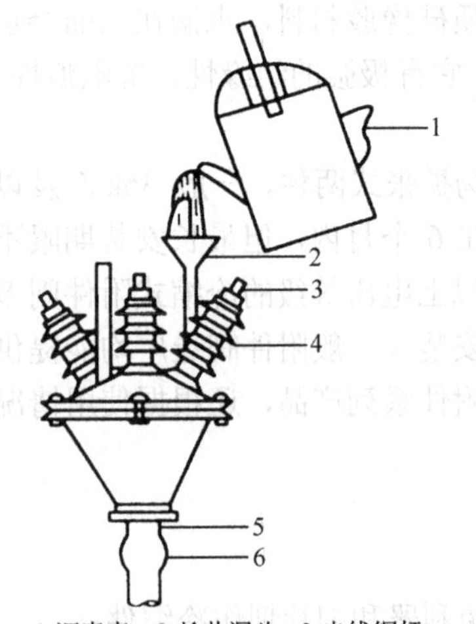

1-沥青壶；2-长井漏斗；3-出线铜杆；4-磁套管；5-铅压盖；6-封铅

图 3-11 用漏斗向终端灌注绝缘胶

在施工现场用漏斗向终端灌注绝缘胶的操作方法如图 3-11 所示。向终端灌注绝缘胶应根据电缆的运行温度、电缆的使用电压以及环境温度等条件选择。在灌胶之前电缆头接头盒要加热到 60～70℃，以防绝缘胶与冷的接头盒不粘附，以及冷却后绝缘胶与接头盒本体之间产生间隙。灌胶时要分 2～3 次进行。第一次灌注一般要让绝缘胶超过电缆端部剥切部分的全部表面，再灌注到终端盒或接头盒的顶部，最后再补灌一次。

灌注铅套管或铜套管接头盒时，应从接头盒的一个灌注孔灌入，直到另一个灌注孔流出的绝缘胶（如固性树脂环氧树脂、聚氨酯或丙烯酸酯等）不含气泡为止。

灌注电缆油（松香基绝缘胶）可以一次灌满。灌注工作完成后，将灌注孔密封，可以封焊或用螺栓将接头盒的盖紧固。为了使胶灌注饱满，应在灌注孔上装一个长漏斗，漏斗上部应放一筛子用于过滤杂质。

3.2.5 10～35kV 以下油浸纸绝缘电缆附件

1. 10kV 及以下油浸纸绝缘电缆终端

10kV 及以下油浸纸绝缘电缆终端品种、结构和型号（部分），见图 3-12～图 3-15 及表 3-4 所示。

实物外形图例

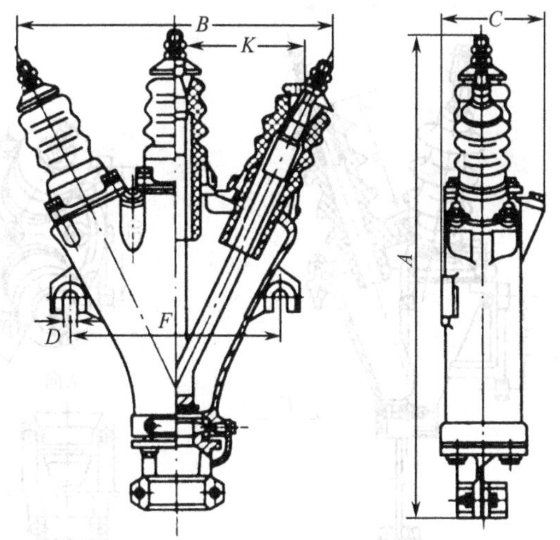

图 3-12　NS 电缆终端

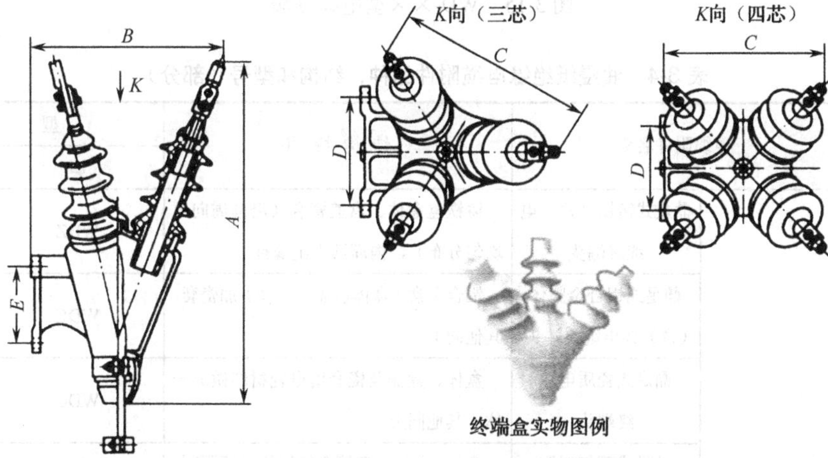

图 3-13　WDZ 型电缆终端

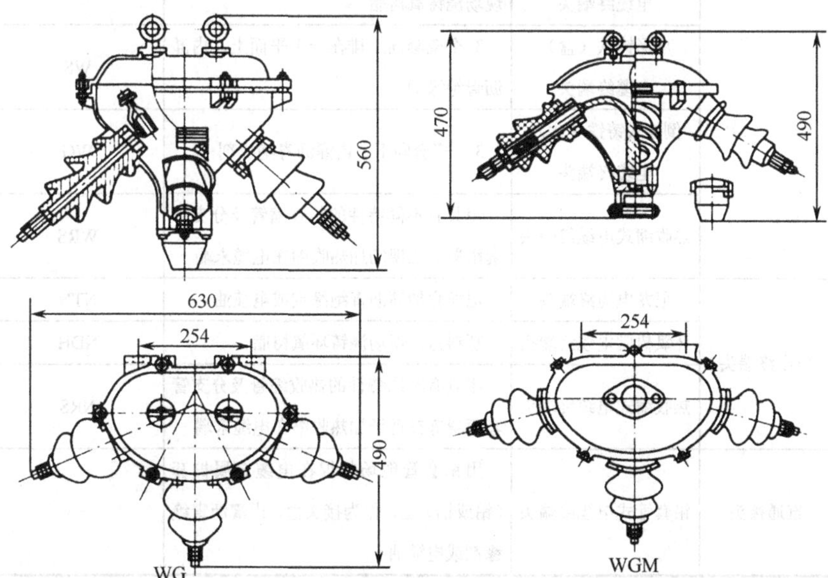

图 3-14　WG/WGW 型户外倒挂式电缆终端

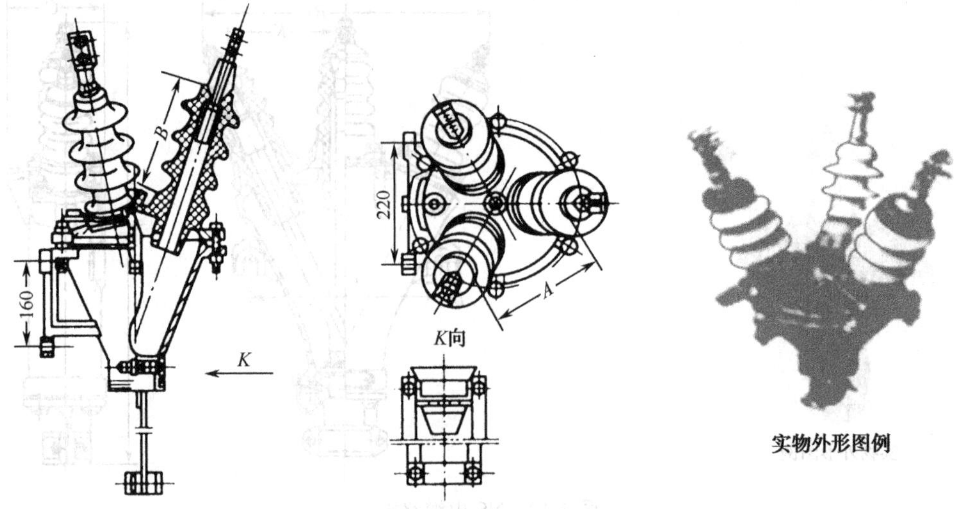

图 3-15　WD-××型电缆终端

表 3-4　油浸纸绝缘电缆附件品种、结构和型号（部分）

电压等级	电缆附件名称		结构特点	型号	
				旧	新
10kV 及以下（多芯电缆）	户外终端头	鼎足式铸铁（盒）电缆终端头	铸铁盒盒体、盒盖瓷套（沿圆周向上均匀分布），内灌沥青绝缘剂	WDZ	WCY
		鼎足式铝合金整体（盒）式电缆终端头	铝合金盒（盒体盒盖为一体）加瓷套，其他同上	WDC	WCYL
		鼎足式瓷质电缆终端头	盒体、盒盖及瓷套用电瓷材料做成一体，其他同上	WDC	WCYC
		鼎足式环氧树脂电缆终端头	盒体、盒盖和套管全氧树脂工厂预制，现场浇铸氧树脂	WDH	WHZ
		扇形铸铁（盒）电缆终端头	3 个瓷套向上排在一个平面上，内灌沥青绝缘剂	WS	WCS
		倒挂式铸铁（盒）电缆终端头	3 个瓷套向下，内灌沥青绝缘剂	WG	WCG
		热收缩式电缆终端头	用具有不同特性的热收缩管及分支管套雨罩等在现场加热收缩在电缆末端	WRS	WRSZ
	户内终端头	尼龙电缆终端头	尼龙盒加灌沥青绝缘剂或电缆油	NTN	NS
		环氧树脂电缆终端头	塑料盒，现场浇铸环氧树脂	NDH	NHZ
		热收缩式电缆终端头	用具有不同特性的热收缩管及分支管套雨罩等在现场加热收缩在电缆末端	NRS	NRSZ
	直通接头	铅套管式电缆终端头	用铅套管现场封焊在电缆金属护套（铅或铝）上，作为接头盒，内灌沥青绝缘剂或电缆油	—	JQ

续表

电压等级	电缆附件名称		结构特点	型号	
				旧	新
10kV及以下（多芯电缆）	直通接头	铸铁盒整体式电缆终端头	3个瓷套向上排在一个平面上，内灌沥青绝缘剂	LB	JZ
35kV（单芯电缆）	终端头（户内外均用）	瓷套管式电缆终端头	由铜或铝合金尾管加瓷套管构成	558乙WTC_511	WTC-1-51
	直通接头	铅套管式电缆接头	用铅套管现场封焊在电缆金属护套上，作为接头盒，内灌电缆油	JQ	WTC-2-51

2. 35kV及以下电缆终端

常见的有5791型户内终端、558乙型、WTC511/12型、511型压力式和WTC-551型终端等。

（1）5791型户内终端。5791型户内终端又称NTS-511型或聚丙烯外壳电缆终端，其上下壳体用聚丙烯塑料整体挤塑而成，与广泛使用的558乙型相比具有体积小、节省金属等优点，不足之处是密封性差，仅用于室内。558乙型电缆终端，适用于35kV分相铅包或铝包，标称截面50～240mm^2，铜芯或铝芯的绝缘纸电缆。如图3-16所示。

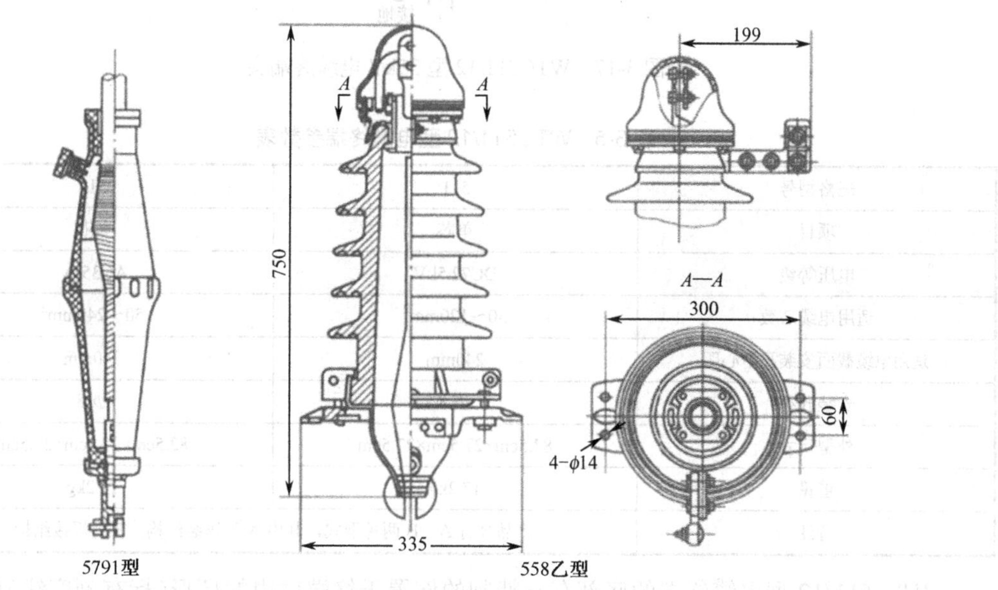

图3-16 5791型、558乙型电缆终端

（2）WTC511/12型电缆终端。WTC511/12型电缆终端的性能比558乙型电缆终端有所改进，多了两个瓷裙，其基本结构如图3-17所示，主要技术参数见表3-5。WTC-511/12型电缆终端结构合理、互换性强、安装简单，适用于35kV电压等级的纸绝缘分相电力电缆、交联聚乙烯电力电缆、滤尘器电缆终端的安装，标称截面为50～240mm^2，分A、B两种结构。

WTC511电缆终端是为静电除尘器电缆设计的终端接头。其工作电压为直流72.5kV，是高压静电除尘的重要设备。主要截面为50～120mm^2，它在重度烟尘环境下能很好工作，它采用高压、高强度电瓷套管，耐腐蚀、易清洗、不燃烧、不会老化。WTC512电缆终端是在较重污秽环境下使用的35kV单相电缆终端，适用于截面为25～240mm^{2}的XLPE绝缘电力电缆。采用电瓷绝缘套管，耐腐蚀、易清洗、不燃烧、不会老化，是特殊环境下较理想的35kV电压等级的终端接线盒。

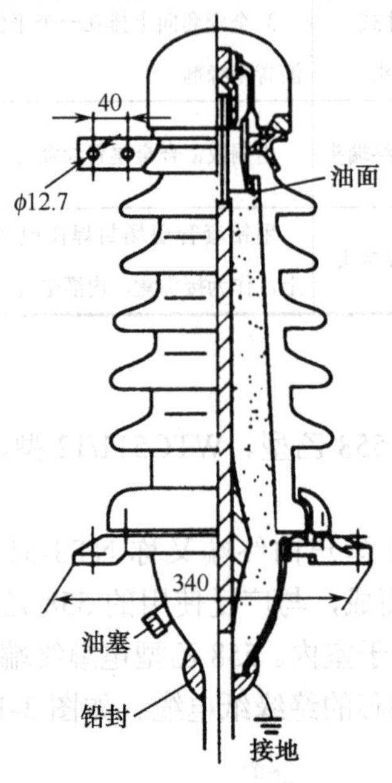

图 3-17　WTC511/12 型 35kV 电缆终端头

表 3-5　WTC511/12 型电缆终端参数表

规格型号	511	512
项目	单芯	单芯
电压等级	DC72.5kV	AC35kV
适用电缆芯数	50～120mm^2	50～240mm^2
适用电缆截面安装孔中心距	240mm	240mm
安装孔径	Φ18	Φ18
外型尺寸	82.5cm×27.5cm×27.5cm	82.5cm×27.5cm×27.5cm
重量	17.2kg	17.2kg
备注	产品分有 A、B 两种型式，其中 A 为压装结构，B 为焊接结构	

WTC-511/12 型电缆终端的底部有一特制的倒置于终端盒内的环形(标有刻度线)玻璃缸，当注入电缆油时，使环形缸内空气被压缩而使终端头内产生一定的压力，电缆油因其压力小而保持电缆垂直部分的绝缘不会干涸，这样就减少了事故的可能性。

3. 10kV 油浸纸绝缘电缆中间接头

10kV 油浸纸绝缘电缆中间接头包括铅套管接头、环氧树脂接头、铸铁整体接头。如图 3-18 所示为 10kV 及以下油浸纸绝缘电缆中间接头。

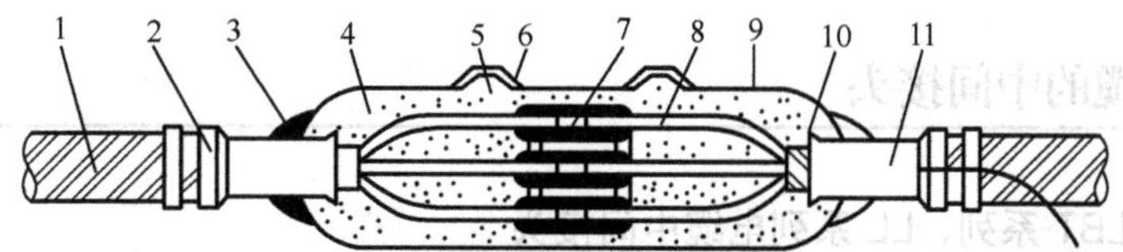

1-接地线；2-钢带卡子；3-搪铅；4-绝缘胶；5-加胶孔；6-铅封；7-连接管；8-瓷撑板；9-铅套管；10-统包绝缘；11-铅护套

图 3-18 10kV 及以下油浸纸绝缘电缆中间接头

3.2.6 交联聚乙烯电缆附件

交联聚乙烯电缆统包型中间接头（如图 3-19 所示）通常是以乙丙橡胶为基材的绝缘带、半导电带、控制带、阻燃带，以丁基橡胶为基材的绝缘带、半导电、密封带，以硅橡胶为基材的绝缘带、抗泄电痕带、阻燃带，还有以聚氯乙烯或其他塑料为基材的各种保护带、相色带和低压绝缘带等。绕包式电缆附件是挤包绝缘电缆使用最早的电缆附件，适用于中低压挤包绝缘电缆和油浸纸绝缘电缆和接头。对于 20kV 电缆终端头，一般只用带材绕包应力锥或应力控制层，外绝缘仍用瓷套结构，内部浇灌液体绝缘剂。

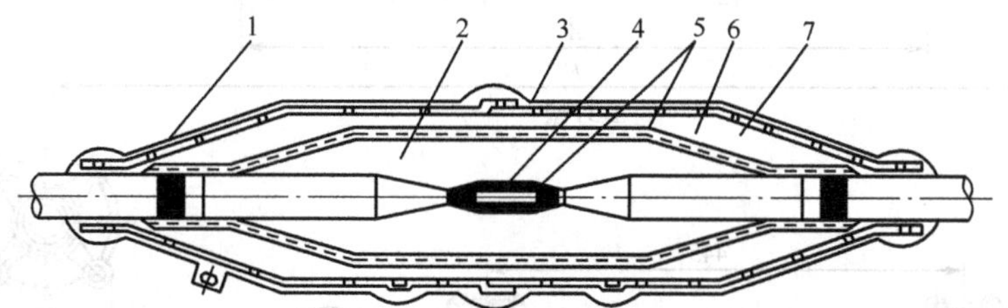

1-防水层；2-绝缘带；3-外壳；4-压接管；5-屏蔽带；6-金属编织带；7-防水浇注剂

图 3-19 交联聚乙烯电缆统包型中间接头

如图 3-20 所示为 6～15kV 交联聚乙烯绝缘电缆户外终端头实物图例。

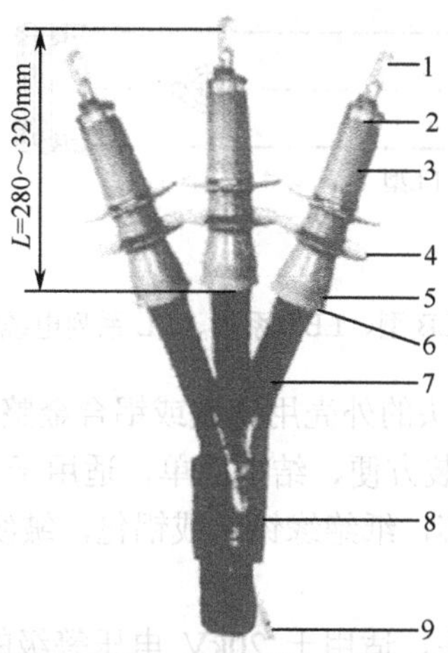

1-接线鼻子；2-软管夹；3-顶帽；4-雨裙；5-预应力锥；6-集流环；7-半导电层、绝缘自粘带；8-三叉密封手套、扎线；9-接地线

图 3-20 6～15kV 交联聚乙烯绝缘电缆户外终端头实物图例

3.2.7 常用电缆的中间接头

1. LB型、LBT系列、LL系列电缆中间接头

LB型、LBT型、LL系列电缆接头（整体式）如图3-21所示。

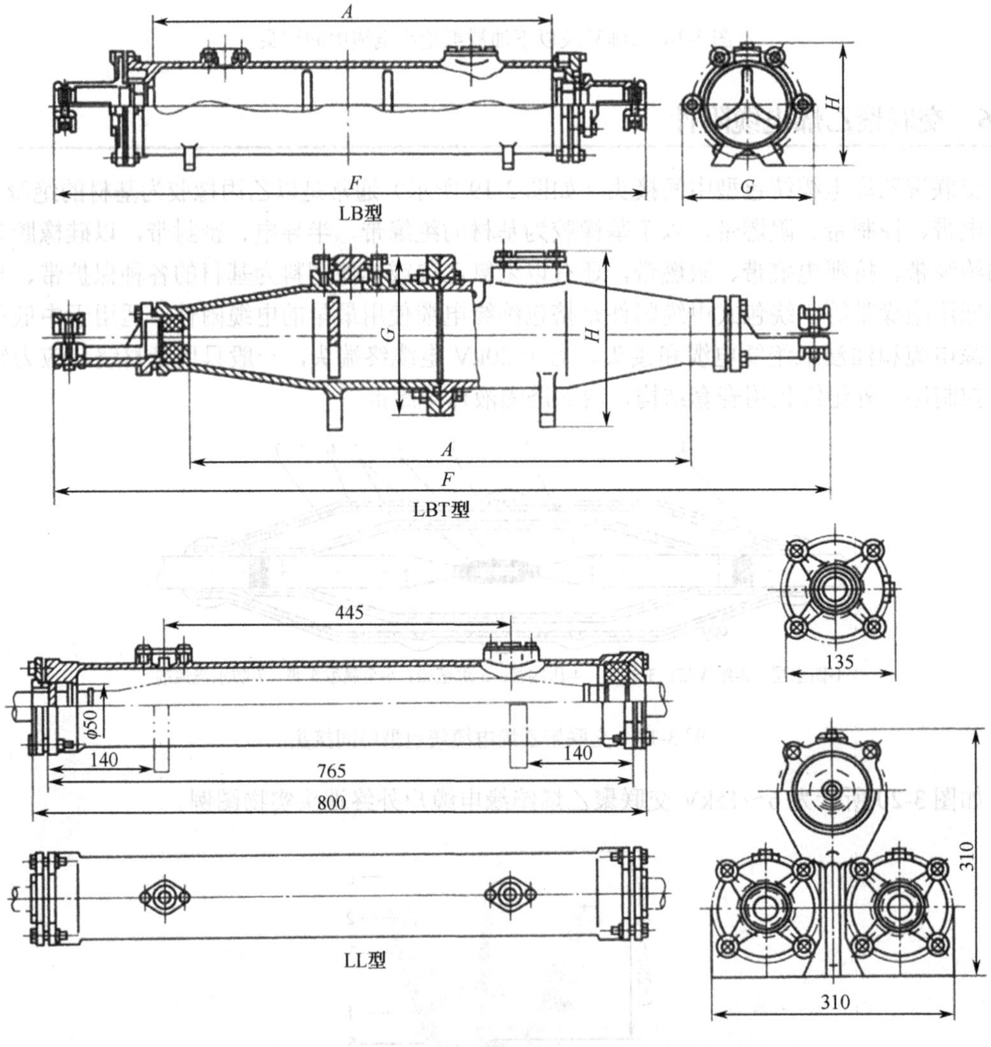

图3-21 LB型、LBT系列、LL系列电缆中间接头

LB型、LBT型电缆中间接头的外壳用铸铁或铝合金整体制成，两端电缆引入处及灌注处用机械密封。它们的特点是安装方便、结构简单，适用于10kV及以下，三芯及四芯，标称截面16～240mm^2，铜芯、铝芯，纸绝缘铅包或铝包，皱纹钢管以及橡皮塑料护套等电缆，适用于隧道敷设和直埋敷设。

LL系列整体式铸铝电缆接头，适用于20kV电压等级的线路，其导线标称截面为25～240mm^2；35kV线路，导线标称截面50～240mm^2，分相铅（铝）包，皱纹钢管护套等电缆，常在电缆沟或隧道和地下直埋中使用。该系列电缆接头在电缆线路中不仅起连接电缆导体的作用，而且也有密封绝缘和保护作用。电缆线芯绕包后放在金属或塑料的模子中，灌注环氧

树脂，固化后除去模具。

2．塑料、橡皮电缆中间接头

塑料、橡皮电缆中间接头，一般用硬质聚氯乙烯制成。它分带浇口和不带浇口两种，适用于 10kV 及以下的橡塑电缆，如图 3-22 所示。接头能承受一定的径向外力，可直接埋设，耐化学腐蚀，尤其适用于潮湿和有化学腐蚀的地区。它与自粘橡胶带、聚氯乙烯带、半导体布带、聚氯乙烯透明粘胶带、密封圈和绝缘胶等组成一个完整的防潮密封体系，有可靠的电气和机械性能，可保证电缆安全运行。

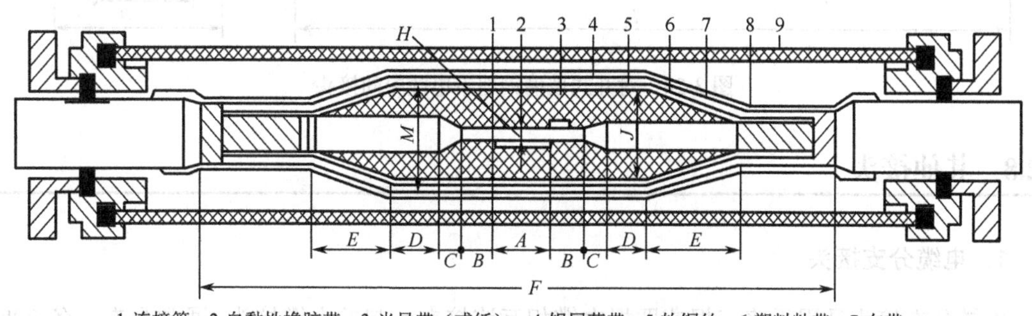

1-连接管；2-自黏性橡胶带；3-半导带（或纸）；4-铝屏蔽带；5-软铜丝；6-塑料粘带；7-布带；8-多股镀锡铜带；9-塑料连接盒

图 3-22　1～10kV 橡塑电缆中间接头

3．环氧树脂电缆中间接头

电缆线芯绕包后放在金属或塑料的模盒中，灌注环氧树脂，固化后去除模具。模具种类有铁皮模、铝合金模、塑料模及瓷模；金属模具需要脱模，塑料及瓷质两种不需脱模，并可作环氧树脂的保护外壳。防止线芯沿轴向和径向渗油是工艺控制的关键，应能严格保证其内外密封时性能良好，否则埋地敷设易渗水击穿。适用于 10kV 以下电缆的隧道敷设，如用于直埋敷设时应注意密封。与其他电缆接头比，具有施工工艺简单、体积小、成本低等优点，但缺点是机械强度比铸铁壳低，特别当线路负荷大时，故障率较高。如图 3-23 所示为环氧树脂电缆中间接头。

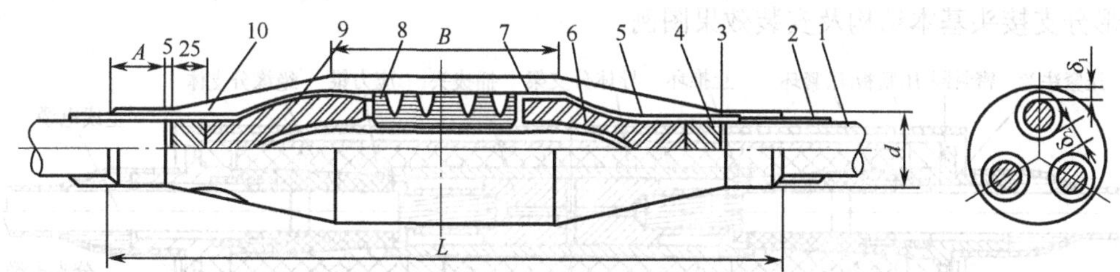

1-铅包，2-铅包表面涂包绝缘层；3-半导电纸；4-统包纸；5-线芯涂包绝缘层；6-线芯绝缘层；7-压接管涂包绝缘层；8-压接管；9-三叉口涂包绝缘层；10-统包涂包绝缘层

图 3-23　环氧树脂电缆中间接头

4．地下电缆中间接头

对开式玻璃钢地下电缆中间接头如图 3-24 所示。根据盒体结构形式将盒体分为对开式和

U 形两种。主要适用于 1～10kV 三芯及四芯，线芯标称截面 10～240mm^2，铜或铝芯，纸绝缘，铅包或铝包，皱纹钢管以及橡皮、塑料护套等电缆的连接，作为隧道敷设和地下直埋接头用。除上述接头外，还有分支接头、转换接头等。

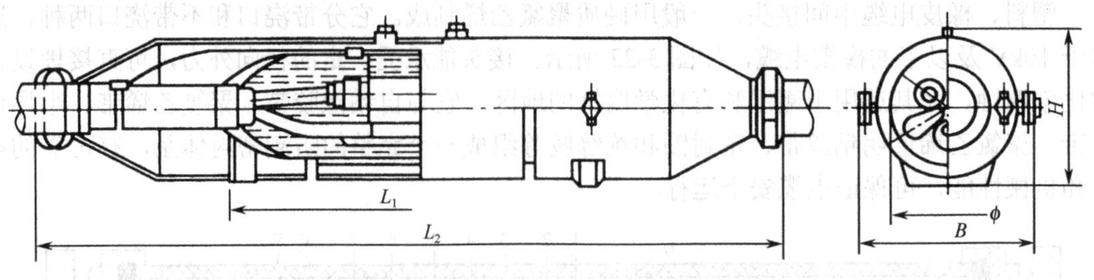

图 3-24　对开式玻璃钢地下电缆中间接头

3.2.8　其他接头

1．电缆分支接头

电缆分支接头是用于将三根或四根电缆相互连接在一起的电缆接头。通常是在一条 20kV 以下的主电缆线路上支接另一条电缆线路时用，在 110kV 的电缆线路上也有使用。电缆分支接头可以根据电缆线路的方向，连接成各种不同形式的分支，如垂直于主电缆、与主电缆成某一个角度等。按其外形不同，电缆分支接头可分为 H 形、T 形、Y 形三种。T 形和 Y 形的使用较多，T 形接头也称为 T 字接头。

电缆分支接头的特点是一条线路可同时送电到两个或三个地点或用户，其缺点是接头内的绝缘不易处理，接头壳体密封也较困难，因此它不适用于高压电缆线路。电缆分支接头的另一个缺点是当分支电缆故障时，主电缆必须同时停电才能修理。

（1）H 形分支接头

H 形分支接头可代替支箱，不占地面空间，可安装在电缆沟或电缆井内，也可直埋；所有零件均在工厂成型，现场插入，安装方便。适用于电压 6/10kV、8.7/10kV、8.7/15kV 的单芯或三芯交联聚乙烯绝缘及橡胶绝缘电力电缆，起分支连接、密封和绝缘作用。图 3-25 所示为 H 形分支接头基本结构及安装效果图例。

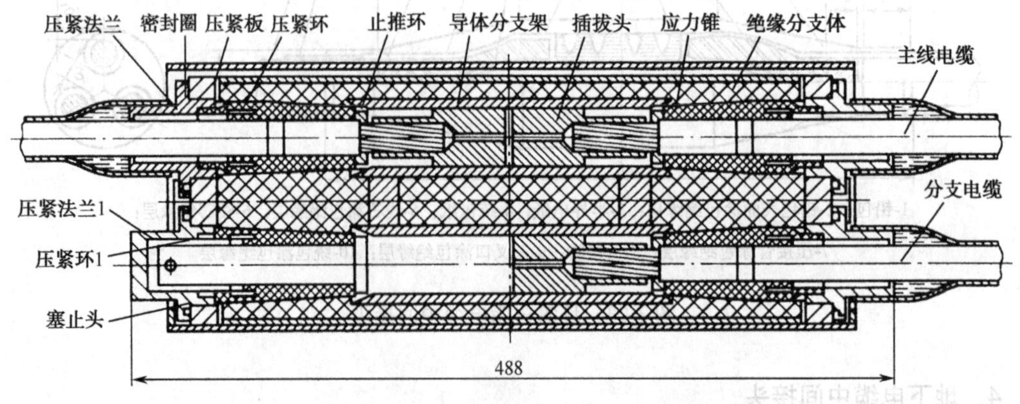

图 3-25　H 形分支接头的基本结构及安装效果图例

（2）T 形分支接头

T 形分支接头，适用于电压 6/10kV、8.7/10kV、8.7/15kV 的单芯或三芯交联聚乙烯绝缘及橡胶绝缘电力电缆，起分支连接作用，可形成多路电缆分支。分支接头完全可以替代电缆分支箱。该分支接头具有结构紧凑、体积小的特点，可安装在电缆井的侧壁平台上，也可直接埋于地下，大大地节省了安装空间。分支接头不仅能将电缆与电缆进线分支连接，也可在杆上将架空裸线与电缆进线分支连接，满足各种不同分支形式的安装。图 3-26 所示为 10kV T 形分支接头结构及安装效果图例。

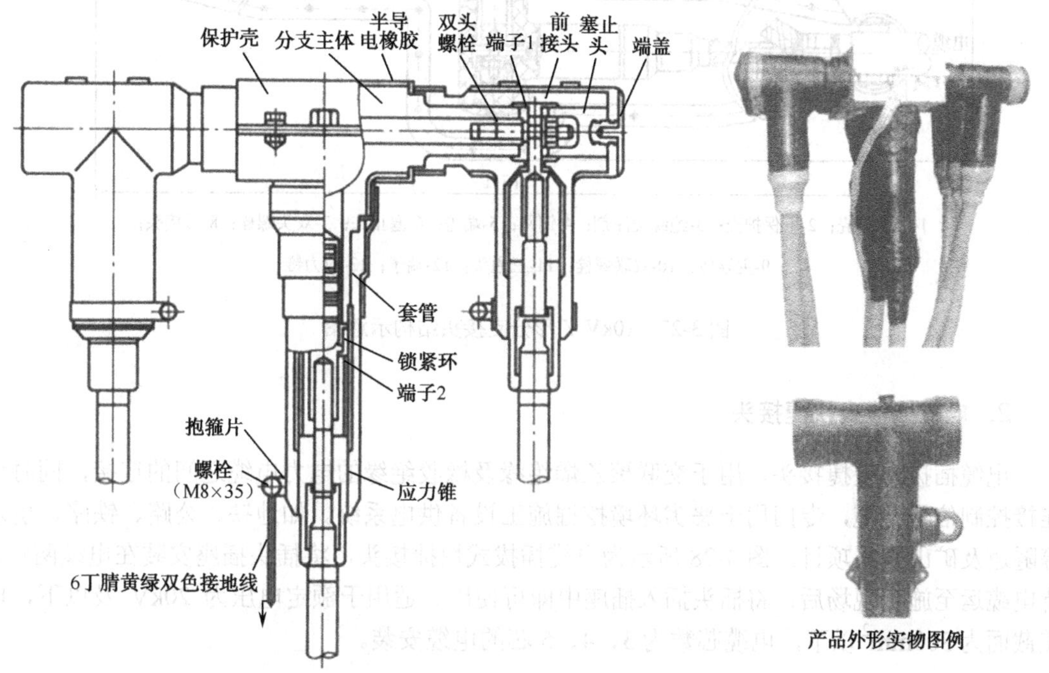

图 3-26 10kV T 形分支接头结构及安装效果图例

（3）Y 形分支接头

Y 形分支接头，适用于不同电压等级的安装。图 3-27 所示为 10kV Y 形分支接头结构示意图。该产品具有结构紧凑、体积小、所需安装空间小的特点，不仅能安装在电缆井或电缆沟内，且能直埋。安装时，只需将处理好的电缆插入即可，极为方便，因分支主体无任何填充剂或绝缘气体，因此在运行中完全不需要维护。

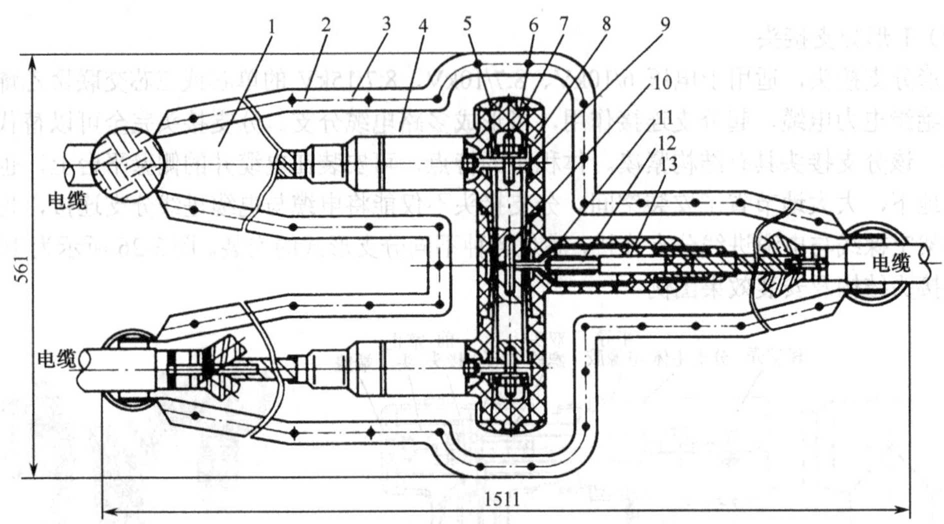

1-上保护壳；2-下保护壳；3-绝缘浇注剂；4-铜网；5-端盖；6-塞止头；7-双头螺栓；8-后接头；

9-主导体；10-双联螺栓；11-三通头；12-端子；13-应力锥

图 3-27　10kV Y 形分支接头结构示意图

2. 电缆插拔式快捷接头

电缆插拔式快捷接头，用于交联聚乙烯绝缘及橡胶绝缘的电力电缆之间的连接，同时可连接控制信号电缆，专门用于恶劣环境挖掘施工设备供电系统。如地铁、公路、铁路、引水等隧道及矿山开采项目。图 3-28 所示为电缆插拔式快捷接头，将插头插座安装在电缆两端，待电缆运至施工现场后，将插头插入插座中即可使用。适用于额定电压为 20kV 及以下，电缆截面为 300mm^2 以下，电缆芯数为 3、4、5 芯的电缆安装。

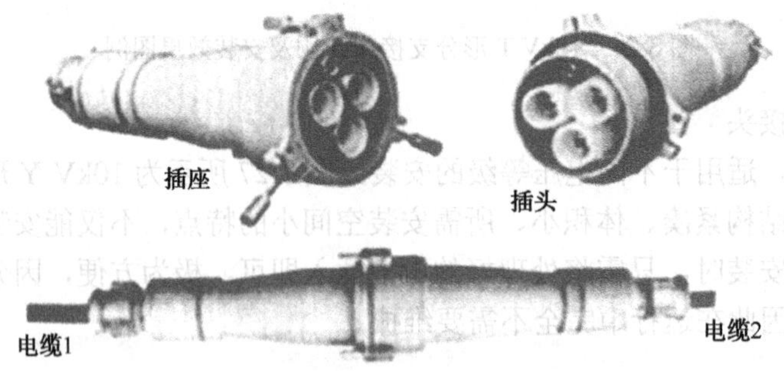

图 3-28　电缆插拔式快捷接头

3.3 中低压电力电缆附件安装

3.3.1 电力电缆的连接方法

电缆附件不同于其他工业产品，工厂不能提供完整的电缆附件产品，只是提供附件的材料、部件，也就是说它必须通过现场安装在电缆上后才构成实际、完整的电缆附件。因此，

要保持运行中的电缆附件有良好的性能，不仅要求设计合理、材料的性能质量良好、加工质量可靠，还要求现场安装严格执行工艺标准、安装工艺合理正确。

电力电缆的导体连接，是制作安装各种型式电缆头的重要组成部分，它对线路长期安全运行十分重要。实践证明，凡是连接器材、模具设计良好，施工工艺及操作合理的导体连接，其接头都能达到电阻小而稳定、有足够的机械抗拉强度、能经受一定次数的短路冲击，并具有耐振动、耐腐蚀等特性。

电力电缆导体连接的方法有压接法、焊接法。对导体连接处的要求是在传输电流时温度升高不超过电缆导体温度升高值，并能够承受电缆导体允许的张力。

【知识拓展】 压接法是采用适当的机械压力使导体之间或导体与连接金具之间取得电气传导的接触界面的方法。这种方法按导体在连接之后是否可拆卸，又可分为夹紧（可拆卸）连接与压缩（不可拆卸）连接两种。焊接法仅用于小截面的电缆芯连接。电缆线芯的连接，按线芯材料分为铝芯电缆的连接和铜芯电缆的连接。前者一般采用压接，后者一般采用焊接或压接。

1. 压缩连接

对连接导体的金具与导体施加径向压力，靠压应力产生塑性变形，使导体和金具的压缩部位紧密接触构成导电通路。手动压接钳外形实物图如图 3-29 所示，手动压接钳又分机械式和液压式两类。

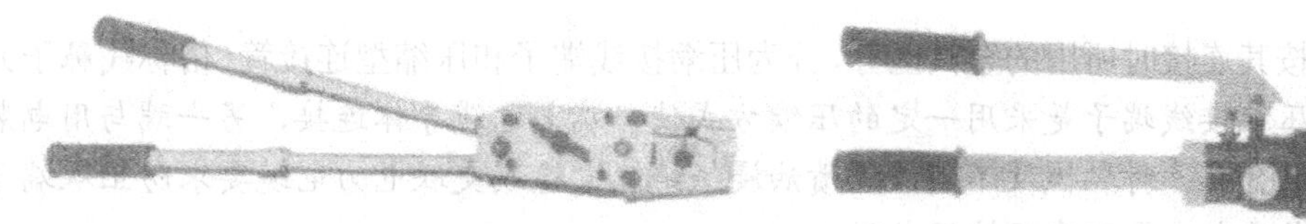

图 3-29　手动压接钳外形实物图

机械式连接压接钳，具有压力传递稳定可靠、质量轻、压力大、操作轻便、易于维护等优点。液压动力压接钳如图 3-30 所示。

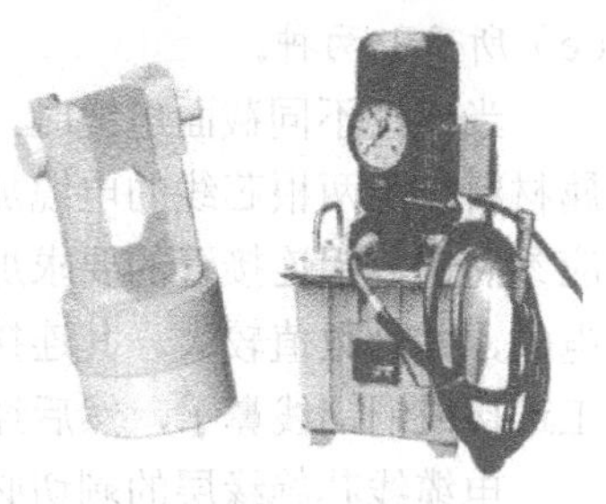

图 3-30　液压动力压接钳

按压接的部位大小，又可分为局部压接和整体压接两类。

① 局部压接（又称为坑压或点压），所需压力较小，压接部位的伸率也较小，但由于压坑引起电场畸变，故用在高电场环境下需采取填平压坑以保持电场均匀。

② 整体压接又叫环压或围压，它所需压力较大，压缩后，压接部位的伸率也较大，但压缩部位形变比较均匀，并可塑造成各种需要的接头外形，这种压缩连接方法是目前国内中低压电缆中最为广泛使用的。

因电缆导线材料有铝芯、铜芯，故局部压接模具也有铝芯、铜芯之分。就模具本身而言，又分阳模和阴模，分别如图 3-31、图 3-32 所示。

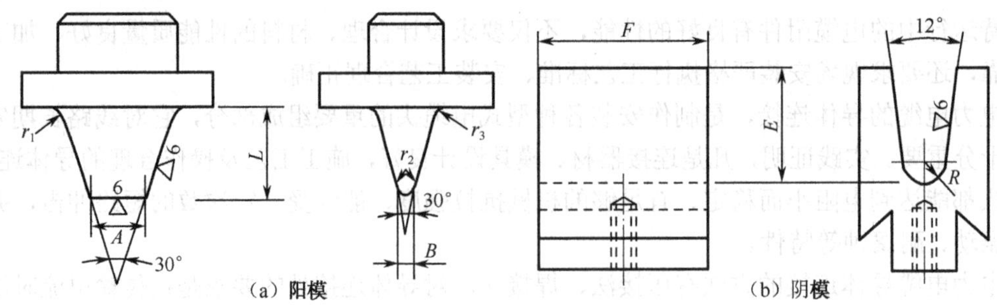

图 3-31 电缆铝芯局部压接模具

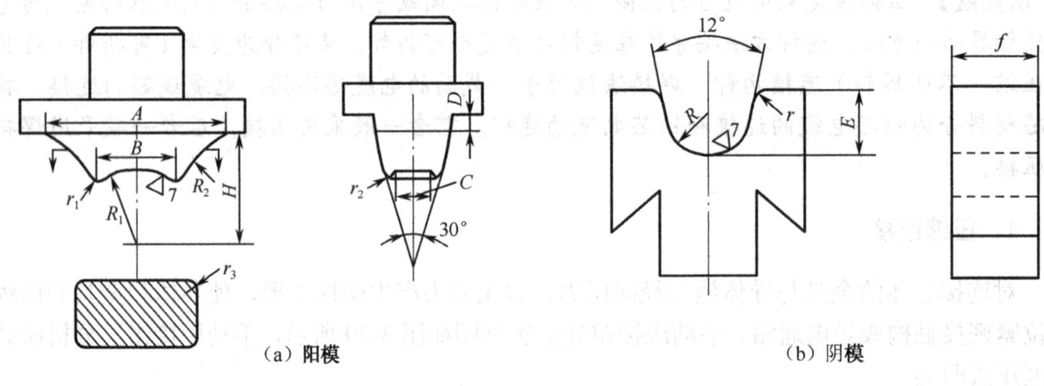

图 3-32 电缆铜芯局部压接模具

压缩连接按其连接时所用的金具区分，分为压缩接线端子和压缩型连接管（俗称线鼻子）。

【知识拓展】 压缩接线端子是采用一定的压缩方式使一端与电缆导体连接，另一端与用电装置连接用的导电金具。对黏性及不滴流浸渍油浸纸绝缘电缆或交联电力电缆要求防止从端子平板顶部漏油或透潮，最好采用挤压成型。

压缩型连接管，是采用压缩方式连接电缆导体的导电金具。其本体材料的划分与压缩接线端子相同，目前国内生产的结构类型有直通式（如图 3-33（d）所示）和堵油式（如图 3-33（e）所示）两种。

当连接不同截面电缆时，对于不同金属不同截面的电缆相连接，应选用与缆芯相同的金属材料按照两根芯线的电缆加工专用的连接管。专用连接管的具体内、外径和管壁厚度尺寸应参照铜、铝连接管的要求加工，然后采用机械压接方法连接。由于不同金属间存在着电极电位，并且数值较大，其连接处易产生电化反应而增大接触电阻。为此，采用铜铝过渡棒加工连接或铜铝线鼻子，然后经过压接进行连接或在铜线鼻子内壁上刷一层锡后进行连接。

电缆线芯绝缘层的剥切必须选用绝缘层剥切工具。剥切电缆的工具可选用如图 3-34 所示的电缆剥切器。图 3-34（b）为 DDX 带电架空电缆剥切器，可在带电情况下削取架空电缆的绝缘暴露导线，为带电接火作业创造条件。其特点是成本低、速度快、操作简单、便捷高效、不受地理环境限制等。特别是凸轮压紧式削皮器，用于剥除绝缘导线外皮效果好、操作简单、切削速度快，独特的刀型设计较好地解决了导线偏心的问题，切除导线范围为 30～300mm^2；剥切器本体自重 0.4kg，携带方便。

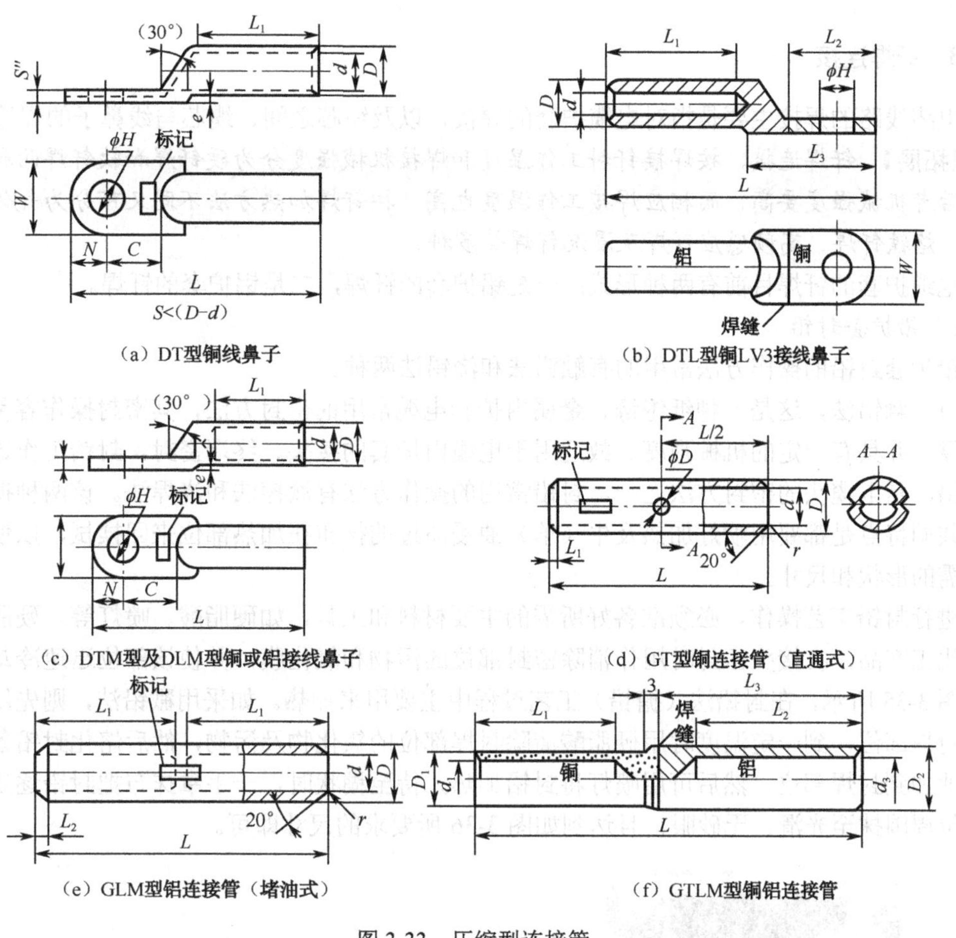

（a）DT型铜线鼻子

（b）DTL型铜LV3接线鼻子

（c）DTM型及DLM型铜或铝接线鼻子

（d）GT型铜连接管（直通式）

（e）GLM型铝连接管（堵油式）

（f）GTLM型铜铝连接管

图 3-33 压缩型连接管

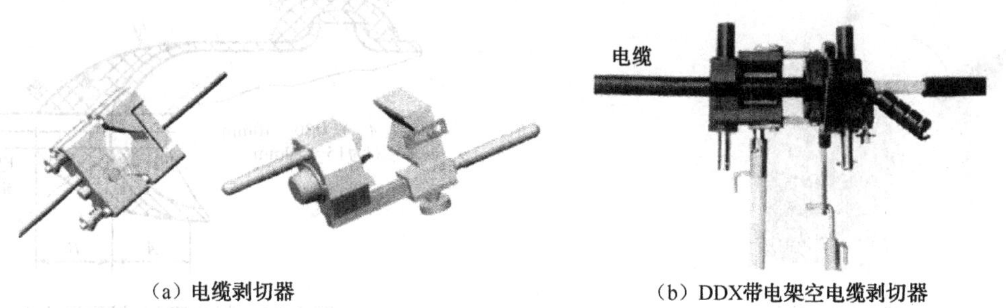

（a）电缆剥切器

（b）DDX带电架空电缆剥切器

图 3-34 线芯绝缘层剥切器

电缆线芯绝缘层的剥切步骤依次为：核相、分开线芯、电缆线芯锯切、剥切线芯绝缘层、制作反应力锥。

2. 螺栓或螺旋端子连接

螺栓或螺旋端子连接，除用于地下电缆与架空绝缘电线的连接外，还可用于高压电器接线装置以及汇流排连接，它是一种可拆卸的连接。螺栓和螺纹夹紧连接使用的螺栓，可采用低碳钢、铜或铝合金制成。

3．钎焊连接

电缆线路的焊接主要是指对电缆护套的焊接，以及缆芯之间、缆芯与线鼻子的焊接。

【知识拓展】 钎焊连接，按焊接钎料工作温度和焊接机械强度分为硬钎焊和软钎焊两种，前者较后者机械强度要高，而相应焊接工作温度也高。按钎焊加热方法不同又可分为气体火焰钎焊、烙铁钎焊、高频感应钎焊及浸沉钎焊等多种。

电缆护套的钎焊目前有两种形式：一是铅护套的钎焊，二是铝护套的钎焊。

1）铅护套封铅

铅护套封铅的操作方法常用的有触铅法和浇铅法两种。

（1）触铅法，这是一种纸绝缘、金属内护套电缆常用的密封方法，其密封操作容易、性能可靠，并具有一定的机械强度。故适用于电缆内护套的接头、终端密封。封铅工作过程称为搪铅，是电缆头的密封方法之一。封铅常用的操作方法有涂擦法和浇焊法。该两种搪铅工艺的共同特点是都要用喷灯加热及牛（羊）油浸渍过的抹布在加热部位来回揉拭，以使之形成所需的形状和尺寸。

进行封铅工艺操作，必须准备好所需的主要材料和工具，如硬脂酸、喷灯等。硬脂酸是一种化工产品，在接头密封时用作消除密封部位的污物和氧化膜，并使该部位迅速冷却。喷灯如图 3-35 所示，在封铅法（搪铅）工艺过程中主要用来加热。如采用戳铅法，则先用喷灯预热封焊部位，到一定温度时用硬脂酸清除封焊部位的氧化物及污物，然后熔化封铅条，并均匀地加到封焊部位，然后可用喷灯将封铅加热，待至糊状时，一手拿抹布把封铅逐步在封焊部位周围抹至光滑、无砂眼，且达到如图 3-36 所要求的尺寸即可。

图 3-35　喷灯

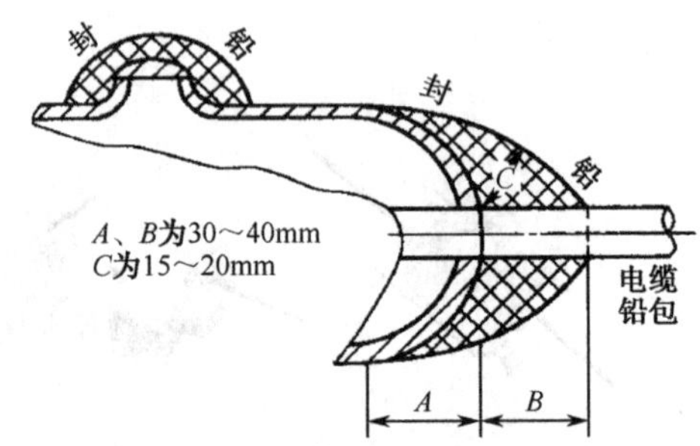

图 3-36　封铅密封的要求尺寸

（2）浇铅法，将配制好的封铅条在铅缸中使其加热熔化呈液态，温度不宜过高（可用白纸放缸内熔液中，取出后纸呈焦黄色为宜）。此时在预热和清洁好的封焊部位处，一手拿一块大的抹布托在下面，另一手用铁勺取熔化的封铅逐渐泼浇在封焊部位，注意必须边浇边用抹布揩抹，使封铅均匀分布在封焊部位周围，然后用喷灯加热并按上述方法和要求抹成即可。

2）铝护套的封铅

目前铝护套封铅也常用刮擦搪铝钎焊及低温反应钎焊两种方法。

（1）刮擦搪铝钎焊：首先将焊接处和焊条表面用刮刀或小锯条刮掉其氧化层，然后在铝包表面加上一层锌锡合金底料，再用上述的触铅法进行搪铅。有时也采用中间接头——铅手

套连接钎焊。

（2）低温反应钎焊：准备工作同铅护套施工工艺相同。首先应清除铝包表面的油污，用细钢丝刷沿纵向将铝护套表面刷亮，用喷灯沿铝护套表面均匀加热约1～2分钟，待铝护套表面温度为145～160℃（可用蜡笔状焊剂擦拭加热铝表面，如焊剂熔化，呈现一层薄薄的胶水状为准）时，将反应溶剂涂在铝包表面上，反应溶剂熔化成淡黄色胶水状，并均匀分布于铝护套表面，再继续加热至溶剂起泡，并冒出白烟，直至铝护套表面呈现出一层灰白色的分布均匀的残渣（如白纸灰烬）为止。此时，移去喷灯，用干净抹布或棉纱头擦去残渣，露出发亮的金属涂层，然后在合金镀层上涂一层锌合金材料，最后按铅护套工艺施工钎焊。

4. 熔焊连接

熔焊有电弧焊、铝热剂焊和摩擦焊三种。

电弧焊是利用低压大电流放电时电弧产生的热量而连接的方法。用这种方法连接导体，一般都不需连接金具而是靠导体相互熔融连接，如等直径导体连接。

铝热剂焊，是靠铝热剂燃烧反应而产生近3000℃的高温，对连接部位加热，使导体熔融而连接的方法。这种方法多用于接地极板等接地装置的连接。

摩擦焊，利用金属棒状焊件（如铜、铝棒）相对旋转摩擦生热，使接合处加热到塑性状态，然后迅速停止旋转，并加上轴向顶锻压力而达到连接。这种方法用于铜铝导体过渡连接金具的加工。

5. 电缆线芯的药包焊接连接

电缆线芯的药包焊接连接技术的原理是在焊接前先将清理好的电缆芯分别从墙头两端插入、顶紧填块，并将铝线分别夹紧于左右钳钳口中，然后将高温火柴插入药包中，并剥去高温火柴尖端的高温层，用普通火柴点燃高温火柴，药粉被点燃，放出热量，形成熔渣，使热量通过铁管传至铝填块，并使之熔化，随后导线也被熔化。在焊钳送进的同时，铝线逐渐熔化。当停止供给热量时，熔化的铝液在堵头与铁管形成的型腔中结晶，将两电缆芯牢固焊接。药包焊点燃前的装置情况如图3-37所示。药包由纸盒、铁管、填块和药粉等构成。

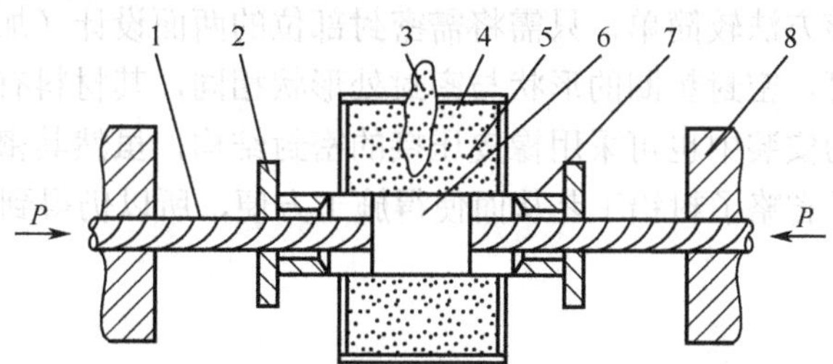

1-电缆芯；2-堵头；3-高温火柴；4-纸盒；5-药粉；6-填块；7-铁管；8-焊钳钳口

图3-37 药包焊点燃前的装置情况

3.3.2 电缆附件密封及处理

电缆接头密封工艺的质量往往直接牵扯到电缆接头能否正常安全运行，因此必须重视密封处理这一环节，在设计和安装上应予以充分考虑。

电缆附件密封的常用的方法有封铅密封、橡皮压装密封、环氧树脂密封、尼龙绳绑扎密封、自粘型橡胶缠绕包裹密封和热（冷）收缩密封等。

1. 封铅法（搪铅）

封铅法（搪铅）的方法，在上文中已介绍过。对于油浸纸绝缘电缆，因其绝缘外有金属护套（铅或铝包），所以都采用封铅工艺来进行接头的密封处理。封铅要求与电缆本体铅（铝）包及接头套管或终端法兰紧密连接，使其达到与电缆本体有相同的密封性能和机械强度。另外，在封铅过程中又不能因温度过高、时间过长而烧伤电缆本体的内部绝缘。

【知识拓展】 法兰，又叫法兰凸缘盘或突缘。是轴与轴之间相互连接的零件，用于管端之间的连接，也有用于设备进出口上的法兰。法兰连接或法兰接头，是指由法兰、垫片及螺栓三者相互连接作为一组组合密封结构的可拆连接。

2. 热缩法

热缩法的热缩材料有交联聚乙烯型和硅橡胶型两大类，选用一定比例的多种功能高分子材料共同混合构成多相聚合物，再用添加剂改性后获得所需的性能，然后制成管状，用外力扩张后冷却并辐照交联定形。使用时只需将其套入需密封的部位，均匀加热后就会恢复原来的大小，可紧密地包在密封部位从而达到密封作用。

用热缩方法工艺操作时应注意：①正确选择管径，尤其是要注意热缩管材的收缩比；②热缩时应在密封部位涂好热熔胶；③加热温度应均匀，应控制在不使材料过热碳化，且特别注意必须从中间向两端逐步热缩，以避免内部有空气残留。

3. 粘合法

粘合法有两种，一种是用聚氯乙烯胶黏带包绕作为密封；另一种用自黏型橡胶带既加强绝缘，又可作密封用。这两种方法的密封性能均较差，不能作为单一、可靠的密封方法。

4. 垫圈、橡皮压接密封法

对于不能用封焊或其他方法进行密封而需密封的部位，例如终端的瓷套管等地方，往往采用垫圈进行密封。该方法较简单，只需将需密封部位的两面设计（加工）成平面，其间放入垫圈用螺栓夹紧即可，密封垫圈的形状与密封处形状相同，其材料有石棉纸、铅、软木、橡胶等。在电缆终端的安装中也可采用橡皮压接的密封结构，虽然其密封性能和机械性能比封铅密封差些，但由于省略了封铅工艺从而使得施工方便，所以仍得到了广泛应用。

5. 模塑法

这种方法的原理是利用塑料加热到一定温度后，使两接触面熔合从而达到密封的目的，仅用于塑料电缆的接头。例如聚氯乙烯电缆接头，在需密封的部位外，直接用聚氯乙烯带包绕 2～3 层，然后将模具夹紧在接头外，加热到 140℃后，保持 30 分钟即可热熔合成一体。对聚乙烯或交联聚乙烯电缆接头，由于其是非极性材料而无法直接粘合，因此需先在包绕加强绝缘前先包 2～3 层未硫化的乙丙橡胶带，然后用模具夹紧加热到 160～170℃保持 30～45 分钟，这样乙丙橡胶带在硫化的过程中，就会与聚乙烯或交联聚乙烯紧密粘合，形成一个良好的密封层。

3.3.3 中低压电缆终端安装用材料及工具

1. 包绕绝缘材料

电缆终端和接头的制作都须包绕附加绝缘屏蔽层、密封层、保护层，需要使用各种绝缘包带、屏蔽包带等。绕包材料在塑料电缆附件制作中主要起绝缘、保护均匀电场分布等作用。其质量与电缆附件的质量密切关系。

一般来说，适用于 10kV 及以下的包绕绝缘材料有油浸纸绝缘电缆的聚氯乙烯带、黑玻璃漆布带和塑料电缆的自粘丁基橡胶带。适用于 35kV 及以下的有油浸纸绝缘的聚乙烯带和塑料的自粘乙丙胶带、自粘性硅橡胶带。

2. 屏蔽材料

塑料接头的电缆外屏蔽层的连接材料有铝箔、扁裸铜辫子线和铜屏蔽防波套三种。

3. 灌注绝缘材料

灌注绝缘材料（如沥青基绝缘胶、聚氨酯电缆胶、G20 环氧树脂冷浇剂等）在各种电缆终端和接头内主要起增强绝缘和密封防潮的作用。

【知识拓展】 沥青基绝缘胶是石油高分子烃混合物。用于浇灌电缆附件中的沥青基绝缘胶，要求交流击穿强度高、收缩率小，粘附性强和软化点适当，并不得含有游离硫和酸、碱性物质。一般按所用地区条件选用，1 号沥青基绝缘胶低温性能好，适用于东北、华北；2 号、3 号、4 号沥青用于华南地区；5 号沥青软化点高，主要用于我国南方各地区，其适用于 10kV 及以下户内、外环氧树脂电缆终端头和接头，也可以用于有阻燃要求的供电场合。

4. 中低压塑料电缆终端制作所需专用材料

1）分支手套

主要用于电缆分叉处的绝缘和密封保护，有二、三、四、五、六芯指套。如图 3-38 所示为 1kV 冷缩三芯、四芯、五芯分支手套实物图例。该类分支手套具有以下特性：

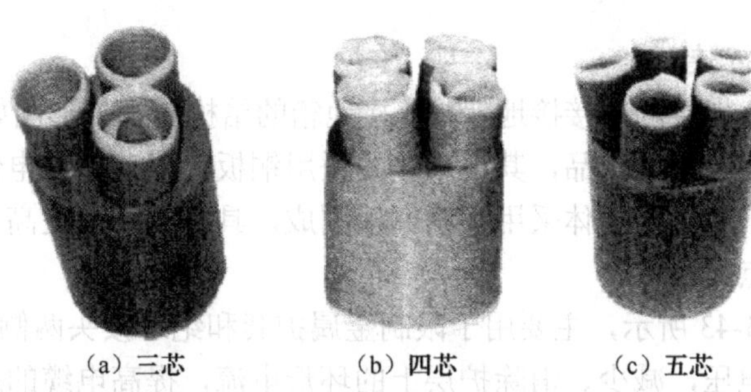

（a）三芯　（b）四芯　（c）五芯

图 3-38　1kV 冷缩分支手套实物图例

（1）优良的绝缘性、耐候性、高弹性和密封跟随性，安装后始终保持与电缆本体内界面紧密结合，杜绝潮气，确保运行安全、可靠；

（2）抗污秽、耐老化、憎水性好，具有优良的耐寒耐热性，特别适用于高寒、潮湿、烟雾及重污染地区；

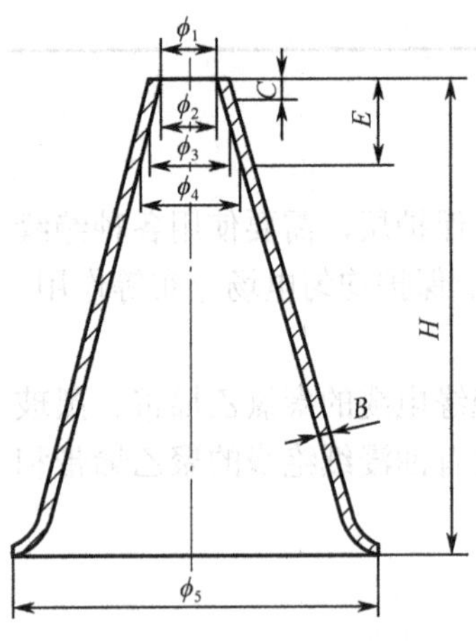

图 3-39 防雨罩的外形结构

(3) 适用于多回路电源并联和窄小的配电柜；

(4) 安装简便，省时省力。

2) 防雨罩

用黑色硬质聚氯乙烯塑料注射成型，能保证电缆终端有足够高的湿闪电压。防雨罩有四个阶梯，使用时可根据电缆线芯外径绝缘尺寸的大小，将其不对应尺寸的阶梯锯去。用于 6kV、10kV 的塑料、橡皮电缆。交联聚氯乙烯电缆户外终端头的防雨罩外形结构如图 3-39 所示。

3) 撑板

为了保持绝缘线芯之间以及绝缘线芯与铝套之间的距离，保持接头中三相接头位于铝磁管中间的位置以及相间绝缘和安装方便，应使用撑板，三芯电缆接头用瓷撑板如图 3-40 所示。若无适用的瓷撑板，则可以用绝缘带卷成小卷垫在两个电缆芯中间，再用绝缘带将两芯扎紧。在环氧树脂接头中，可用环氧树脂浇注取代瓷撑板，环氧树脂瓷撑板如图 3-41 所示。

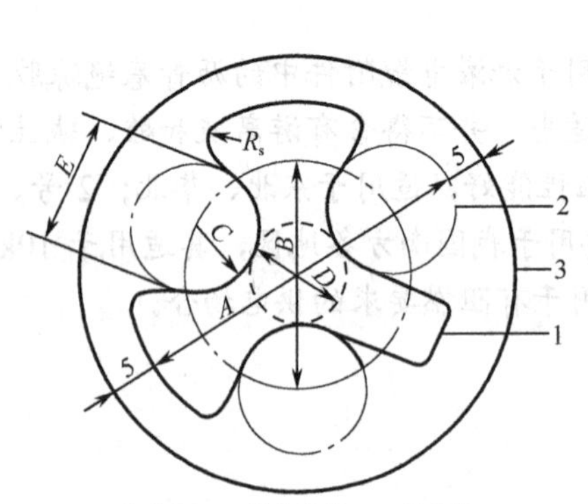

1-瓷撑板；2-绝缘线芯；3-铅套管

图 3-40 三芯电缆接头用瓷撑板

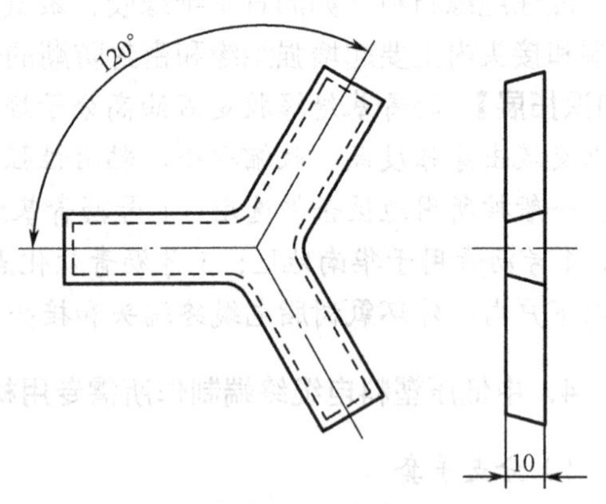

图 3-41 环氧树脂瓷撑板

4) 接地箱、交叉互连箱

接地箱用于电缆金属层的直接接地保护，接地箱的结构图及外形图如图 3-42 所示。接地箱采用不锈钢或玻璃钢制成的产品，其内部接线采用铜板镀银，其导电性能优良，是一种安全可靠的接地装置，同时由于箱体采用不锈钢板制成，具有机械强度高、密封性能好，并具有良好的阻燃性等特点。

交叉互连箱如图 3-43 所示，主要用于限制金属护套和绝缘接头两侧冲击过电压的升高，控制金属护套的感应电压，减少、消除护层上的环形电流，提高电缆的送电容量，防止电缆外护层被击穿，确保电缆能安全可靠地运行。

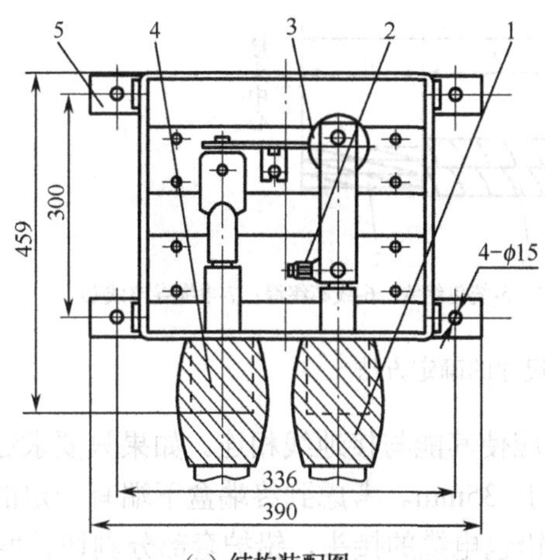

（a）结构装配图　　　　　　　　（b）外形结构图例

1-进线端口；2-线芯夹座螺母；3-护层保护器；4-接地端子；5-固定脚板

图 3-42　接地箱的结构图及外形图例

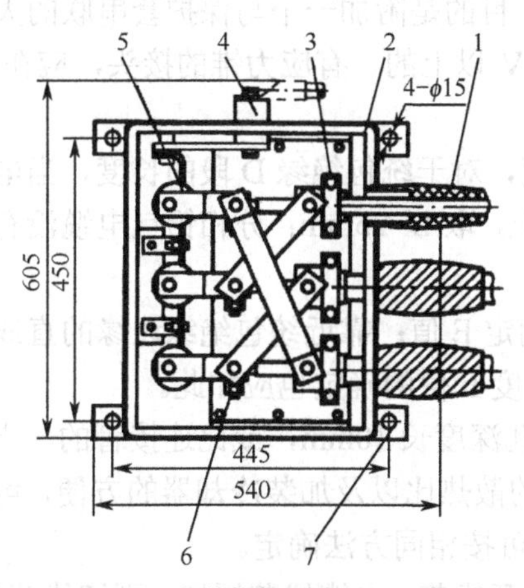

（a）结构装配图　　　　　　　　（b）外形结构图例

1-进线端口；2-密封盖（有机玻璃）；3-外线芯夹座螺栓；4-接地端子；5-保护器；6-监内线夹座螺母；7-固定脚板

图 3-43　交叉互连箱

3.3.4　中低压电缆附件一般制作工艺

1．压接前的准备

（1）检查、核对连接用的金具和压模的型号规格。

（2）用油检法或火检法检测电缆潮气。

（3）完成电缆端的剥切，并将导电线芯插入连接管或端子圆筒内。对三芯电缆的中间连接，应先将一根电缆的三芯分别插好，然后再将另一根电缆的三芯按相位对应插入连接管的另一端。如图 3-44 所示为电缆端剥切尺寸的确定方法，其基本步骤如下（步骤中涉及的长度端与图 3-44 内字母保持一致）：

第一步，中低压电缆线路的接头、堵油接头和终端头 A 段（铠装裸露部分）的长度可取 70～100mm。分相铅包电缆 A 段取值同上。

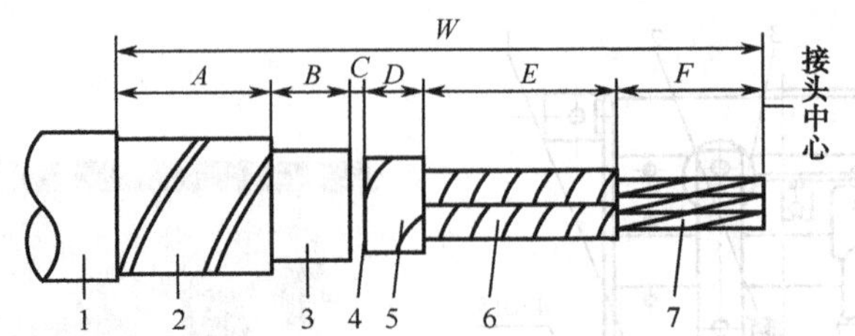

1-外被层段；2-铠装层；3-铅（铝）护套；4-半导电层；5-统包绝缘；6-线芯绝缘；7-电缆导电线芯

图 3-44　电缆端剥切尺寸的确定方法

第二步，铅、铝护套的剥切长度 B 段的取值应使其能与接地线相连。如果只要求连接地线，而接头盒颈部在铠装部分塞紧时，则应不小于 35mm。考虑到终端盒下端有一定的长度（如 WDH 及 TNT 终端）时，可取 150mm；分相铅包电缆的接头，铅护套部分剥切长度 B 与相连接地线以及在接头盒颈部进行搪铅所需的尺寸有关，同时也与分相铅包电缆线芯允许的弯曲半径有关，一般为铅护套直径的 10～12.5 倍。

第三步，半导电层剥切长度 C 取 5mm 即可，目的是附加一个与保护套串联的大电阻，从而能限制铅或铝护套边缘的放电现象。对于 10kV 以上的、有应力锥的接头，应在 B 的端口被扩大后，剥除半导电纸至扩大口内。

第四步，为了降低铅或铝包切断处的电场强度，对于统包绝缘 D 段的长度，当电压等级小于 1kV 时，取 D=20mm，当电压等级在 3kV 以上，取 D=25mm；分相铅包电缆没有统包绝缘剥切的要求，因此不存在该项值。

第五步，根据电缆接头的类型和电压的等级确定 E 值；靠近统包绝缘边缘的直线部分的长度可取 20mm；分相铅包电缆的线芯绝缘剥切长度 E 值的确定也应如此。

第六步，线芯裸露长度 F 一般比接线鼻子内孔深度长 10mm，或比连接管的一半长 5～10mm。当采用熔焊铝导电线芯时，为了保证可靠的散热比以及加装冷却器的方便，可加长到 35mm。分相铅包电缆的线芯绝缘剥切长度 F 值，可按相同方法确定。

电缆线芯绝缘层的剥切步骤依次为：核相、分开线芯、电缆线芯锯切、剥切线芯绝缘层、制作反应力锥。其中，分开线芯要考虑电缆线路截面的大小。小截面电缆可以用手弯曲分开绝缘线芯。对于较大截面的电缆，由于绝缘线芯比较粗硬，不易成型，可借助如图 3-45（a）所示的分芯模具进行分芯操作，即将分芯模具推入三芯电缆线中间，见图 3-45（b）所示，用手握着线芯末端向里弯曲（绝缘线芯的弯曲半径应控制在电缆圆形绝缘线芯直径，或扇形绝缘线芯高度的 10 倍以上），使三芯间距相等而且相互平行。若电缆线芯的截面较大时，则可设计专用分线架。

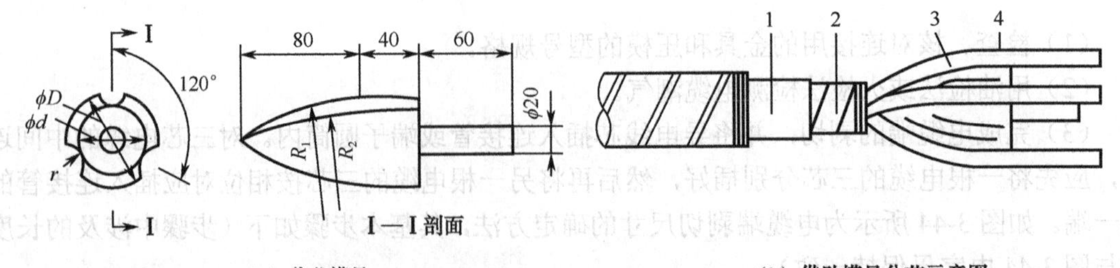

（a）分芯模具　　（b）借助模具分芯示意图

1-护套；2-统包绝缘；3-分芯模具；4-绝缘线芯

图 3-45　分芯模具及借助模具分芯示意图

2. 电缆线芯锯切

电缆线芯锯切应分别考虑用于电缆接头和电缆终端的情况。锯切时，要求尺寸准、断面齐，否则会严重影响接头的电气性能和机械强度。

3. 剥切梯步

为了改善电缆接头处的电场分布情况和避免电缆接头处应力集中的问题，在电缆接头压接工艺完成后，应按照设计要求将电缆末端绝缘作梯级剥切。

（1）油浸纸绝缘电缆的剥切梯步方法

将已锯下的一根接头线芯分开，并数出绝缘纸的总层数，然后按图3-46所示尺寸及百分比（相对总层数而言）用锋利的刀逐步剥切。绝缘层外的半导电纸应剥除至距铅护套口处约5mm，为包绕方便，最好在梯步剥切好后，按纸绝缘绕包方向用油浸丝线将每层扎牢，以免包绕绝缘松开。

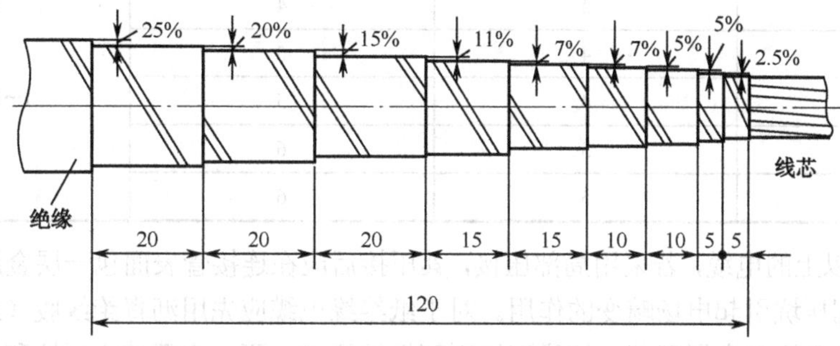

图3-46　35kV电缆剥切梯步示例

（2）交联电缆的剥切方法

由于交联电缆的绝缘层是整体的，可采用刀具将电缆接头削制成锥形，即所谓的“削铅笔头”法。

常用的削制方法有：①专用工具削制，即用专用卷刀，俗称卷笔刀。②刀具或玻璃刮削方法，先用刀削至锥形基本形成后，再用刀或碎玻璃片刮平，与专用工具削制方法一样要砂平、打光和清洁表面。

4. 电缆导体压接

电缆导体压接分局部压接和整体压接两种工艺。

（1）局部压接

局部压接就是将连接管或接线鼻子接管部分（对于连接管是四个点，对于接线鼻子是两个点）压接成特殊规格的坑状。

局部点压顺序和压坑间及压坑边缘的距离示意图如图3-47所示。每道压痕位置的选择应按连接管或端子圆筒上标定的位置和表3-6规定进行；压坑轴向中心线或六角形整体压接中其内接圆对边的中心线均应在同一直线上。压接程度以上下模接触（指液压钳）或达到压钳规定的有效行程为准。每压完一个压痕，应停留10～15s，然后除去压力。压好后用细齿锉刀锉去压坑边缘及连接管端部因受压而翘起的棱角，并用砂纸打光，然后用蘸有汽油的棉布擦干净。对油浸纸绝缘电缆的导体连接接头需要用加热到120～130℃的电缆油冲洗，以除去潮气及污秽，然后再包绕接头处的绝缘。

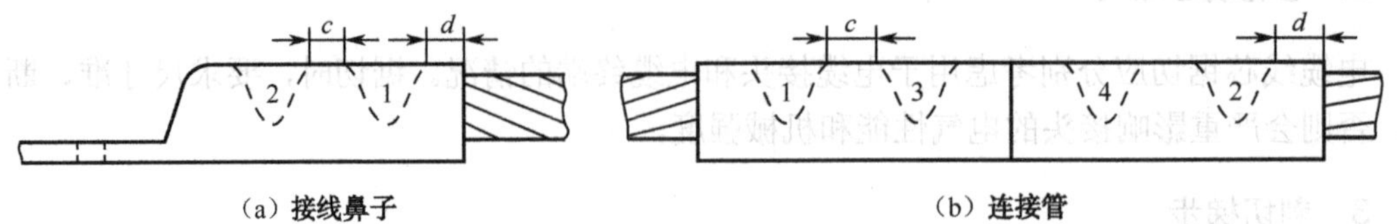

(a) 接线鼻子　　　　　　　　(b) 连接管

图 3-47　局部点压顺序和压坑间及压坑边缘的距离示意图

表 3-6　局部点压顺序和压坑之间及压坑边缘的距离

电缆标称截面（mm^2）	压坑之间及压坑边缘的距离（mm）		压接顺序
	c	d	
50	3	3	1→2 或 1→2→3→4
70	3	4	
95	3	4	
120	4	5	
150	4	5	
185	5	6	
240	5	6	

对 6kV 及以上的电缆，若采用局部压接，其压接后应在连接管表面包一层金属化纸或两层铝箔，以消除因压坑引起电场畸变的作用。对于纸绝缘电缆应先用沥青绝缘胶（或环氧树脂）填充压坑，然后再绕包金属屏蔽。接线端子则可根据要求，不一定要填实压坑和包铝箔等。

根据运行经验，局部压接的质量优于整体压接，其原因是局部压接时压坑的形状特殊，在运行中铝接管不易扩张，即能保持稳定的压缩比。但局部压接的缺点是：

① 接头的连接管压接后压坑的变形较大，会引起电场畸变。特别是在高压电缆中一定要采取防电场畸变的措施；

② 在纸绝缘电缆的户内终端头上，容易从压坑表面渗漏电缆油。

局部点压后的断面如图 3-48 所示。局部点压后的断面尺寸可用外卡尺检查，并应符合相关规定。检查局部点压用外卡尺如图 3-49 所示，图中 h_1 为压坑深度，h 为剩余厚度。压接部位表面应光滑，不应有裂纹和毛刺，所有边缘处不应有尖端；坑压的压坑深度应与阳模应有的压入部位高度一致，坑底都应平坦无损。

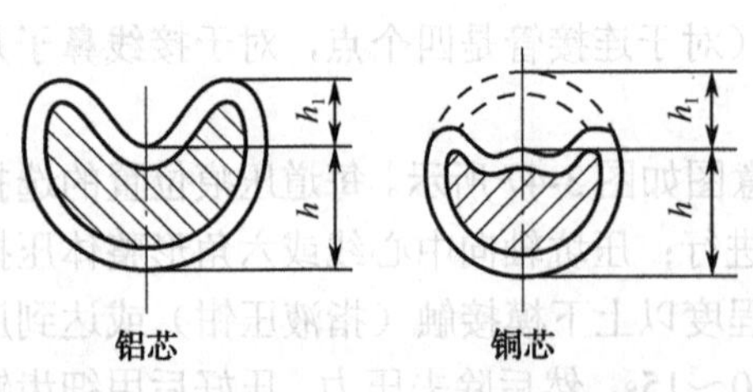

图 3-48　局部点压后的断面

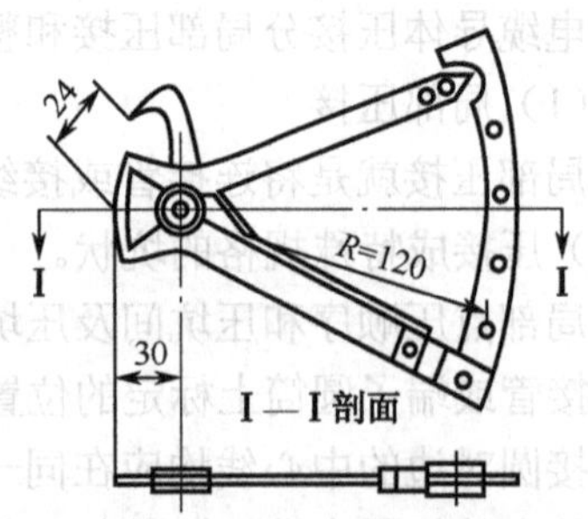

图 3-49　检查局部点压用外卡尺

（2）整体围压

整体围压是沿整个连接管或接线端子接管部分均匀地进行挤压。图3-50所示为整体围压示意图。它须分两次或多次进行，各次压接的顺序与局部点压不同。为使压接处平整，各施压段可以互相重叠1～2mm。压接铝连接管会因蠕变而伸长，为防导线从管壁退出，应从导线端部开始压接。它的优点是压接管比较平直、形状好，容易解决连接管处电场过于集中的问题，因此应用也较广泛。

图3-50 整体围压示意图

3.4 热缩式电缆附件的安装

3.4.1 热缩式电缆附件的特点及性能

热缩式电缆附件是以聚合物为基本材料而制成所需要的型材，用辐射或化学方法使聚合物的线性分子交联成网状结构的体型分子，从而使之获得“弹性记忆效应”。在制造厂内通过加热扩张成所需要的形状和尺寸并经冷却后定型，使用时一经加热就可以迅速地收缩到扩张前的尺寸，加热收缩后的热缩部件可紧密地包敷在各种部件上，组装成各种类型的热缩电缆附件。

1．热缩式电缆附件特点

（1）适用面广，可用于严寒、潮湿、沿海和工业污染地区，可安装于户内和户外环境，可用于油浸纸绝缘电缆和橡塑绝缘电缆。

（2）一套附件可适用于多个截面规格的电缆。

（3）适用于多回路相连和窄小的配电柜。

（4）安装简单、操作方便、效率高，不需要特殊工具。

（5）须采用应力管来改善应力分布。

2．热缩附件基本性能及安装注意事项

（1）热缩附件因弹性较小，运行中热胀冷缩时可能使界面产生气隙。为防止潮气侵入，必须严格密封。

（2）热缩附件热收缩时用火不宜太猛，以免灼伤热缩材料，火焰与电缆应成45°夹角，沿圆周方向均匀向前收缩。

（3）收缩终端手套时应从中间往两端收缩，收终端热缩管时应从下端往上收缩，收中间热缩管时应从中间往两端收缩。

（4）收应力管时，应力管应与屏蔽层搭接。

3.4.2　10kV 电力电缆热缩式终端的制作

1．主要工艺流程

按制作顺序，依次为：①施工准备工作；②电缆预处理；③热缩分支手套；④应力处理；⑤热缩绝缘管；⑥压接端子；⑦户外终端热缩防雨裙。

2．10kV 电力电缆热缩式终端制作的具体操作步骤及要求

1）施工准备工作

（1）施工前应检查所用工具及附件材料是否齐全、合格，如压接钳模具与电缆规格应配套等。

（2）核对附件装箱单与配件是否相符，电缆附件规格应与安装的电缆规格相符。

（3）电缆附件安装前，应检查电缆端部是否密封完好，有无进潮现象。对于交联电缆，如发现有进潮现象，要经去潮处理后再使用。

2）电缆预处理

（1）固定电缆：电缆终端的制作安装应尽量垂直固定进行，以免经地面安装后，吊装时造成线芯伸缩错位，三相长短不一，使分支手套局部受力损坏。根据终端头的安装位置，将电缆固定在终端头支持卡子上，为防止损伤外护套，卡子与电缆间应加衬垫。校直电缆，确定安装位置，按实际测量尺寸另加施工余量后锯掉多余的电缆。

（2）确定剥切尺寸：按图 3-51 所示要求确定外护套、铠装层及内护套的剥切尺寸。

（3）剥切外护套：根据尺寸要求，在支持卡子上端 110mm 处剥除外护套，剥除应分两次进行，以避免电缆铠装层钢带松散。外护套端口以下 100mm 部分用砂纸打毛并清洗干净，以保证分支手套定位后，密封性能可靠。

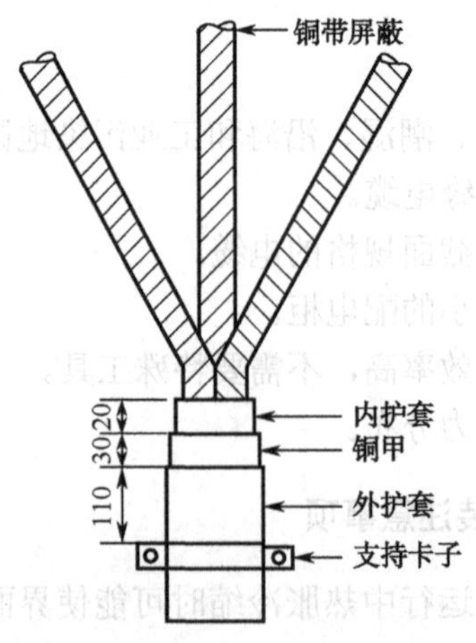

图 3-51　10kV 电力电缆终端剥切尺寸图

（4）锯除铠装层：保留端口处一小段外护套（防止钢铠散开），用铜绑线在钢铠上绕 3～4 匝后绑扎，紧固铠装层钢甲，按照尺寸要求，在距外护套 30mm 处锯除铠装层。锯钢铠时，其圆周锯痕不应超过钢铠厚度的 2/3，不得锯穿，以免损坏内护套。剥钢铠时，应用钳子首先

沿锯痕将钢铠卷断，钢铠断开后再向电缆端头剥除。

（5）剥切内护套及填料：用绝缘自粘带将电缆三相铜屏蔽端头包扎好，以防铜屏蔽带松散。按尺寸要求在距钢铠 20mm 处剥切内护套，剥切内护套时不得损伤铜屏蔽层。沿内护套边沿，刀口由里向外切割填充料，切割时不得损伤铜屏蔽层。分开三相线芯时，不可硬行弯曲，以免铜屏蔽层褶皱变形。

（6）焊接钢甲地线及铜屏蔽地线：接地编织带应分别焊牢在钢铠的两层钢带上和三相铜屏蔽层上。焊面上的尖角毛刺必须打磨平整。

（7）包绕填充胶：将两条铜编织带撩起，在外护套上包缠一层密封胶，再将铜编织带放回，在铜编织带和外护层上再包两层密封胶。电缆内、外护套端口绕包填充胶，填实三相分叉部位空间，将填充胶在分支处包绕成橄榄形。绕包体表面应平整，绕包后外径必须小于分支手套内径。

3）热缩分支手套

（1）热缩分支手套：将分支手套套入电缆三叉部位，并尽量拉向三芯根部，压紧到位。从分支手套中间向两端加热收缩，火焰不得过猛，并应与电缆成 45° 夹角，环绕加热，均匀收缩，收缩后不得有空隙存在。在分支手套下端口部位，应绕包几层密封胶加强密封。根据系统相序排列及布置形式，适当调整排列好三相线芯。

（2）剥除铜屏蔽层：在距分支手套手指端口 50mm 处将铜屏蔽层剥除。剥切铜屏蔽时，应用自粘带固定，切割时，只能环切一刀痕，约 2/3 深度，切记不能切穿，以免损伤半导电层。剥除时，应以刀痕处撕剥，断开后向线芯端部剥除。

（3）剥切外半导电层：在距铜屏蔽端口 20mm 处剥除外半导电屏蔽层。剥切外半导电层时，要环切及纵切刀痕，不能切穿，以免损伤主绝缘。

（4）打磨绝缘表面：外半导电层剥除后，绝缘表面必须用细砂纸打磨，去除吸附在绝缘表面的半导电粉尘。

4）应力处理

（1）绝缘屏蔽层端部应力处理：外半导电层端部用砂纸打磨或切削成 45° 小斜坡，打磨或切削后，半导电层端口平齐，坡面应平整光洁，与绝缘层圆滑过渡，处理中不得损伤绝缘层。绝缘端部应力处理前，用绝缘自粘带的粘面朝外将电缆三相线芯端头包扎好，以防削切反应力锥时伤到导体。

（2）清洁绝缘表面：用清洁纸将绝缘表面擦净，应从绝缘端口向外半导电层方向擦抹，不能反复擦。

（3）包绕应力疏散胶：将黄色菱形应力疏散胶拉薄拉窄，将半导电层与绝缘之间的台阶绕包填平，各压绝缘和半导电层 5～10mm 厚，绕包的应力疏散胶端口应平齐。涂硅脂时，不要涂在应力疏散胶上。

（4）热缩应力控制管：根据图纸尺寸和工艺要求，将应力控制管套在金属屏蔽层上，与金属屏蔽层搭接 20mm，不得随意改变结构和尺寸，从下端开始向电缆末端热缩。加热时，火焰不得过猛，应用温火均匀加热，使其自然收缩到位。

5）热缩绝缘管

在三相上分别套入绝缘管，套至三叉根部，从三叉根部向电缆末端热缩。热缩时，火焰不得过猛，并与电缆成 45° 夹角，按照由下向上的顺序，缓慢、环绕加热，将管中气体全部排出，使其均匀收缩。

6）压接端子

（1）剥除线芯末端绝缘：核对相色，按系统相色摆好三相线芯，户外终端头引线从内护套端口至绝缘端部不小于 700mm，户内终端头对应应不小于 500mm，再留端子孔深加 5mm，将多余电缆芯锯除。将电缆末端长度为接线端子孔深加 5mm 的绝缘剥除，剥除时不得伤到线芯导体。

（2）压接接线端子：擦净导体，套入接线端子，使接线端子与导体紧密接触，按先下后上的顺序进行压接。压接后将接线端子表面的尖端和毛刺用砂纸打磨光滑、平整。

（3）热缩密封管：在绝缘管与接线端子之间绕包密封胶和填充胶将台阶填平，使其表面尽量平整，绕包时应注意严实紧密。三相分别套入密封管，进行热缩。密封管固定时，其上端不宜搭接到接线端子孔的顶端，以免形成槽口，导致长期积水渗透，从而影响密封结构。

（4）热缩相色管：按系统相色，在三相接线端子上套入相色管并热缩。

（5）连接接地线：终端头的金属屏蔽层接地线及钢铠接地线均应与接地网连接良好。

7）户外终端热缩防雨裙

（1）户外终端每相套入数个防雨裙进行热缩，防雨裙与线芯、绝缘管垂直。注意第一个防雨裙与分支手套套口的距离为 200mm，两个防雨裙间的间距为 60mm，不同相间防雨裙间的最小净距为 10mm。

（2）热缩防雨裙时，应对防雨裙上端直管部位圆周加热，加热时应用温火，火焰不得集中，以免防雨裙变形和损坏。

（3）防雨裙加热收缩过程中，应及时对水平、垂直方向进行调整和对防雨裙边整形。

（4）防雨裙加热收缩只能一次性定位，收缩后不得移动和调整，以免造成防雨裙上端直管内壁密封胶脱落，导致固定不牢，失去防雨功能。

3.4.3 1kV 及以下电力电缆热缩式终端的制作

1kV 及以下电力电缆热缩式终端的制作与 10 kV 电缆大致相同，在此只作简单介绍。

1. 主要工艺流程

按制作顺序，依次为：①施工准备工作；②电缆预处理；③热缩分支手套；④压接端子；⑤热缩绝缘管。

2. 1kV 及以下电力电缆热缩式终端制作的具体操作步骤及要求

1kV 及以下电缆热缩式终端的制作，其施工准备工作及电缆预处理部分与 10kV 电缆热缩式终端的制作相同，在此不作具体描述。

1）热缩分支手套

将分支手套套入电缆分叉部位，并尽量拉向四芯根部，必须压紧到位。取出手套内的隔离纸，从分支手套中间开始向两端加热收缩，火焰不得过猛，并与电缆成 45° 夹角，环绕加热，均匀收缩，收缩后不得有空隙存在。

2）压接端子

（1）剥除相绝缘：将电缆端部绝缘剥除，其长度为接线端子孔深加 5mm，剥除末端绝缘时，不得伤到线芯。

（2）压接接线端子：擦净导体，套入接线端子进行压接，压接时，接线端子必须和导体

紧密接触，按先下后上的顺序进行压接。压接后接线端子表面的尖端和毛刺必须用砂纸打磨光滑、平整。用密封胶将接线端子台阶填平，使其表面尽量平整，绕包时应注意严实紧密。

3）热缩绝缘管

（1）热缩绝缘管：用清洁纸将绝缘表面擦拭干净。将绝缘管套至分支手套根部，从根部向上加热收缩，热缩绝缘管时，火焰不得过猛，并与电缆成45°夹角，缓慢、环绕加热，将管中气体全部排出，使其均匀收缩，绝缘管收缩后应平整、光滑，无皱纹、气泡。

（2）热缩相色管：将相色管按相序颜色分别套入各相，环绕加热收缩。分开四芯，然后按同相连接原则弯曲线芯到和架空线呈倒U字形的连接位置，与架空线连接。户内终端则与柜内的端子排连接。

（3）连接接地线：户外终端将接地线与电杆的接地极连接，户内终端接地线应与变电站内接地网连通。

3.4.4　10kV电力电缆热缩式中间接头的制作

1．主要工艺流程

按制作顺序，依次为：①施工准备工作；②电缆预处理；③应力处理；④压接连接管；⑤热缩绝缘管；⑥恢复内护套；⑦恢复外护套。

2．10kV电力电缆热缩式中间接头制作的具体操作步骤及要求

1）施工准备工作

（1）施工前应检查所用工具及附件材料是否齐全、合格，如压接钳模具与电缆规格应配套等。

（2）核对附件装箱单与附件材料是否相符，电缆附件规格应与安装的电缆规格相符。

（3）电缆附件安装前，应检查电缆端部是否密封完好，有无进潮现象。对交联电缆，如进潮，要经去潮处理后再使用。

2）电缆预处理

（1）确定接头中心：校直电缆，确定接头中心，以电缆长端1000mm、短端500mm、两电缆重叠200mm的尺寸预切割电缆，去掉多余电缆。将电缆两端外护套擦拭干净，在两端电缆上依次套入内护套及外护套，将护套管两端包严，防止进入尘土影响密封。

（2）确定剥切尺寸：按图3-52所示确定的剥切尺寸，依次剥除电缆的外护套、铠装层、内护套和填充料。

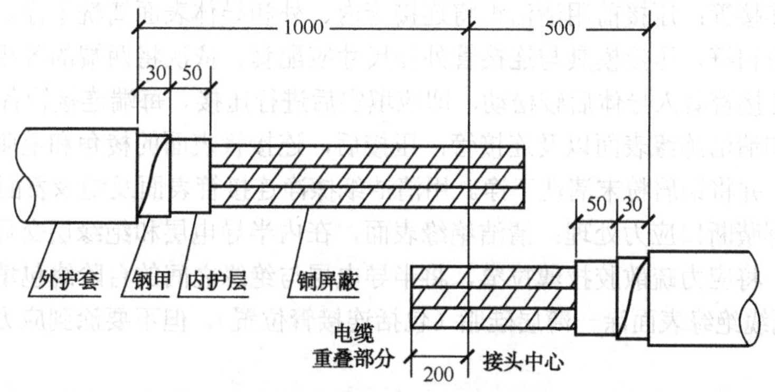

图3-52　10kV电缆中间接头的剥切尺寸

（3）剥切外护套：根据尺寸要求在长端1000mm、短端500mm处剥除外护套，剥除应分两次进行，以避免电缆铠装层钢带松散。外护套端口以下100mm部分应用砂纸打毛并清洗干净，以保证分支手套定位后，其密封性能可靠。

（4）锯除铠装层：保留端口处一小段外护套（防止钢铠散开），用铜绑线在钢铠上围绕3～4匝后绑扎，紧固铠装层钢铠，按尺寸要求在距外护套30mm处锯除铠装层。锯钢铠时，其圆周锯痕不应超过钢铠厚度的2/3，不得锯穿，以免损坏内护套。剥钢铠时，应用钳子首先沿锯痕将钢铠卷断，钢铠断开后再向电缆端头剥除。

（5）剥切内护套及填充料：用绝缘自粘带将电缆三相铜屏蔽端头包扎好，以防铜屏蔽带松散。按尺寸要求在距钢铠50mm处剥除内护套，剥切内护套时不得损伤铜屏蔽层。沿内护套边沿，刀口由里向外切割填充料，切割时不得损伤铜屏蔽层。分开三相线芯时，不可硬行弯曲，以免铜屏蔽层褶皱变形。

（6）锯除多余电缆线芯：按相色要求将各对应线芯绑好，线芯弯曲不宜过大，以便于操作为宜，但一定要保证弯曲半径符合规定要求。锯线芯前，应按图3-2所示将接头中心尺寸核对准确，锯掉多余线芯。锯割时应保持电缆线芯端口平直。

（7）剥切铜屏蔽层：在距端头300mm处剥除铜屏蔽层，为防止铜屏蔽带松散，可在缆芯适当的位置用绝缘自粘带扎紧。剥铜屏蔽时，切割处用绝缘自粘带或细铜线扎紧，切割时只能环切一刀痕，约2/3的深度，不能切穿，以免损伤半导电层。剥除时应以刀痕处撕剥，断开后向线芯端部剥除。铜屏蔽层的端口应切割平整，不得有尖端和毛刺。

（8）剥切外半导电层：在距铜屏蔽端口20mm处剥除外半导电屏蔽层。剥切外半导电层时，要环切及纵切刀痕，不能切穿，以免损伤主绝缘。外半导电层应剥除干净，不得留有残迹，剥除后必须用细砂纸将绝缘表面吸附的半导电粉尘砂磨干净并清洗光洁。

3）应力处理

（1）剥切线芯末端绝缘：从线芯端部量取1/2的长度接管长加5mm，剥切线芯末端绝缘。

（2）绝缘层端部应力处理：在绝缘端部倒角 5mm×45°。如制作铅笔头型，则在绝缘端部削一长度为30mm的铅笔头，铅笔头应圆整对称，并用砂纸打磨光滑，其尖端保留长度为5mm的内半导电层。

（3）套入绝缘管和铜屏蔽网：将电缆表面清洁干净，在每相的长端套入内、外绝缘管和屏蔽管，在短端套入铜屏蔽网。应按照附件的安装说明，依次套入管材，切记顺序不能颠倒，所有管材端口，必须用塑料布加以包扎，以防水分、灰尘、杂物浸入管内玷污密封胶层。

4）压接连接管

（1）压接连接管：压接前用清洁纸将连接管内、外和导体表面清洗干净。检查连接管与导体截面尺寸应相符，压接模具与连接管外径尺寸应配套。依次将两端的各相线芯插入两端连接管内，如连接管套入导体后较松动，即应填实后进行压接。每端连接管各压三次。

（2）打磨和清洁绝缘表面以及连接管：压接后，连接管表面的棱角和毛刺必须用锉刀及砂纸打磨光洁，并将铜屑粉末清洗干净。用清洁纸擦净连接管表面及绝缘表面。

（3）绝缘屏蔽断口应力处理：清洁绝缘表面，在内半导电层和绝缘层交界处绕包黄色菱形应力疏散胶，将应力疏散胶拉薄拉窄，将半导电层与绝缘之间的台阶绕包填平，两边各搭接10mm，在电缆绝缘表面涂一薄层硅脂（包括连接管位置），但不要涂到应力疏散胶及外半导电层上。

套入应力控制管，搭接铜屏蔽层20mm，从下端开始向电缆末端热缩。加热时，火焰不

得过猛，应温火均匀加热，使其自然收缩到位。

（4）连接管处应力处理：连接管处应力处理有以下两种情况。

① 制作铅笔头型：在导电线芯及连接管表面半重叠包绕一层半导电带，再在两端绝缘末端“铅笔头”处与连接管端部用绝缘自粘带拉伸后绕包填平，再半搭盖与两端“铅笔头”之间绕包一层绝缘，将铅笔头和连接管包平，其直径略大于电缆绝缘直径。绝缘带绕包必须紧密、平整。

② 制作屏蔽型：先将半导电带拉伸，然后用其绕包和填平压接管的压坑和连接与导体内半导电屏蔽层之间的间隙，再将连接管包平，其直径等于电缆绝缘直径，然后在连接管上半搭盖绕包两层半导电带，从连接管中部开始包至绝缘端部，与绝缘重叠 5mm，再包至另一端绝缘上，同样重叠 5mm，两端与内半导电屏蔽层必须紧密搭接，再返回至连接管中部结束。

5）热缩绝缘管

（1）热缩前，电缆线芯绝缘和外半导电屏蔽层应用清洁纸清洗干净，清洁时，由线芯绝缘端部向半导电应力控制管方向进行，不得反复擦拭。

（2）热缩内绝缘管：先用黄色菱形应力疏散胶将 6 根应力管端部断口处绝缘上的断口间隙填平，包绕长度 5～10mm。然后将 3 根内绝缘管移至连接管，在管中与接头中心对齐，从中间向两端均匀、缓慢环绕进行热缩。管内气体应全部排除，保证完好收缩，防止局部温度过高、绝缘碳化导致管材损坏。

（3）热缩外绝缘管：将 3 根外绝缘管从长端线芯绝缘套入，两端长度对称，从中间向两端热缩，收缩要求同热缩内绝缘管。

（4）包绕密封胶：从铜屏蔽端口至外绝缘管端部包绕红色密封胶，将间隙填平。

（5）热缩屏蔽管：将三相的屏蔽管套至接头中间，两端对称，从中间向两端收缩，两端要压在密封胶上。

6）恢复内护套

（1）连接铜屏蔽层：将预先套入的铜屏蔽网拉至接头上，与两端铜屏蔽层搭接，再围绕一条 25mm^2 的铜编织带，铜编织带拉紧并压在铜屏蔽网上，两端用铜丝缠绕两匝扎紧，再用烙铁焊牢，同时铜编织带、铜屏蔽网与两端三相铜屏蔽层也要焊接牢固。

（2）热缩内护套：将三相线芯并拢，用白布带扎紧。内护套上包绕一层红色密封胶，将一端内护套管拉至接头上，与红色密封胶搭接，从红色密封胶带处向中间收缩。用同一方法收缩另一端内护套，二者搭接部分包绕 100mm 长的红色密封胶。

7）恢复外护套

连接两端钢铠：用 10mm^2 的铜编织带连接两端钢铠，用铜线绑紧并焊牢。

3.4.5　1kV 及以下电力电缆热缩式中间接头的制作

1. 主要工艺流程

按制作顺序，依次为：①施工准备工作；②电缆预处理；③压接连接管；④热缩绝缘管；⑤恢复外护套。

2. 1kV 及以下电力电缆热缩式中间接头制作的具体操作步骤及要求

1）施工准备工作

（1）施工前应检查所用工具及附件材料是否齐全、合格，如压接钳模具与电缆规格应配套等。

（2）附件装箱单与附件材料是否相符，电缆附件规格应与安装的电缆规格相符。

（3）附件安装前，应检查电缆端部是否密封完好，有无进潮。对交联电缆，如发现进潮，要经去潮处理后再使用。

2）电缆预处理

（1）确定接头中心：校直电缆，确定接头中心，按电缆长端 500mm、短端 350mm、两电缆重叠 200mm 的尺寸锯除多余电缆。将电缆两端外护套擦净，在两端电缆上依次套入内护套及外护套，将护套管两端包严，防止进入尘土影响密封。

（2）确定剥切尺寸：按图 3-53 所示的要求确定外护套、铠装层及内护套的剥切尺寸。

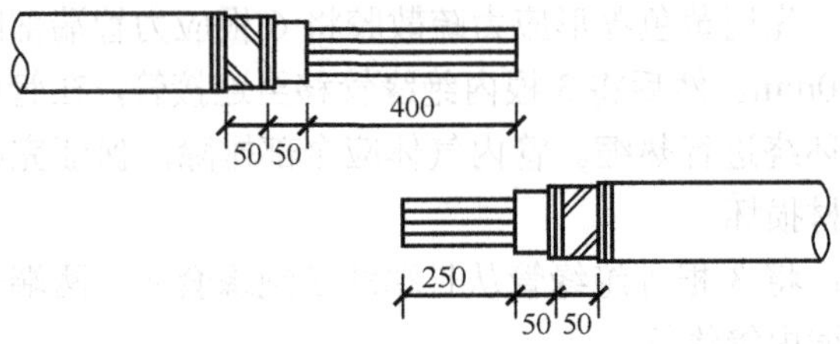

图 3-53　1kV 及以下电力电缆热缩中间接头的剥切尺寸

（3）剥切外护套：按尺寸要求在距电缆端口长端 500mm、短端 350mm 处剥切外护套，剥切应分两次进行，避免电缆铠装层钢带松散。外护套端口以下 100mm 部分用砂纸打毛并清洗干净，以保证分支手套定位后，密封性能可靠。

（4）锯除铠装层：保留端口处一小段外护套（防止钢铠散开），用铜绑线在钢铠上围绕 3～4 匝后绑扎，紧固铠装层钢铠，按尺寸要求在距外护套 50mm 处锯除铠装层，锯钢铠时，其圆周锯痕不应超过钢铠厚度的 2/3，不得锯穿，以免损坏内护套。剥钢铠时，应用钳子首先沿锯痕将钢铠卷断，钢铠断开后再向电缆端头剥除。

（5）剥切内护套及填料：按尺寸要求在距钢铠 50mm 处剥切内护套，剥除时不得损伤绝缘层。沿内护套边沿刀口由里向外切除填充料，切割时不得损伤绝缘层。

（6）锯除多余电缆线芯：按相色要求将各对应线芯绑好，线芯弯曲不宜过大，以便于操作为宜，但一定要保证弯曲半径符合规定要求。按图 3-3 所示核对接头长度，锯断多余电缆线芯，锯割时应保持电缆线芯端口平直。

（7）套入绝缘管：分开线芯，绑好分芯支架，电缆表面清洁干净后，将 300mm 长的热缩绝缘管套入各相长端。

3）压接连接管

（1）剥切线芯末端绝缘：按 1/2 连接管长加 5mm 的长度剥除线芯末端绝缘，剥切线芯绝缘时，刀口不得损伤线芯，不得使线芯变形。擦净油污，把导体绑扎圆密。

（2）压接连接管：压接前用清洁纸将连接管内、外和导体表面清洗干净。检查确保连接管与导体截面尺寸相符，压接模具与连接管外径尺寸应配套。套接管（如连接管套入导体较松动，应进行填实）对实后进行匝接，按照先压接管两端，后压管中间的顺序进行压接。压

接后，连接管表面的棱角和毛刺必须用锉刀和砂纸打磨光洁，将压接管修整光滑，并将金属粉末清洗干净。拆去分芯支架，把线芯及压接管用清洁纸擦拭干净。

4）热缩绝缘管

（1）包绕绝缘带：在两端绝缘末端处与连接管端部用绝缘自粘带拉伸后绕包填平，绝缘带绕包必须紧密、平整。

（2）热缩绝缘管：将各相绝缘管移至连接管上、中部对正，由一端开始均匀加热收缩，加热时应从中部向两端均匀、缓慢环绕进行，把管内气体全部排除，保证完好收缩，以防局部温度过高、绝缘碳化导致管材损坏。绝缘管收缩后应平整、光滑，无皱纹、气泡。

5）恢复外护套

（1）连接两端钢铠：收紧线芯，用绝缘自粘带扎牢。用焊接方式将钢铠两端用铜编织地线连接在一起，铜编织带应焊在两层钢带上。焊接时，钢铠焊区应用锉刀和砂纸砂光打毛，并先镀上一层锡，将铜编织带两端分别接在钢铠镀锡层上，用铜绑线扎紧并用锡焊牢。

（2）热缩外护套：接头部位及两端电缆调整平直，将预先套入的热缩管移至接头中央，由中间向两端加热收缩（管两端涂有密封胶）。外护套定位前，必须将接头两端电缆外护套清洁干净并绕包一层密封胶，热缩时，由两端向中间均匀、缓慢，环绕加热，使其收缩到位。

（3）装保护盒：组装好机械保护盒，应在盒内填入软土以防机械外损。

3.5　冷缩式电缆附件安装

3.5.1　冷缩式电缆附件特点及安装注意事项

冷缩式电缆附件通常是用弹性较好的橡胶材料（常用有硅橡胶和乙丙橡胶）在工厂内注射成各种电缆附件的部件并经硫化成型之后，再将内径扩张并衬以螺旋状的塑料支撑条以保持扩张后的内径。

【知识拓展】 注射成型是将塑料等材料在注塑机加热料筒中塑化后，由柱塞或往复螺杆注射到闭合模具的模腔中形成制品的加工方法。该方法能够加工外形复杂、尺寸精确或带嵌件的制品，生产效率高。

现场安装时，将这些预扩张件套在经过处理后的电缆末端（终端）或接头处（中间接头），抽出螺旋状的塑料支撑条，橡胶件就会收缩紧压在电缆绝缘上，从而构成了终端或中间接头。由于它是常温下靠弹性回缩力，而不是像热缩电缆附件要用火加热收缩，故称为冷缩式电缆附件。

1．冷缩式电缆附件特点

冷缩式电缆附件省去了热缩附件所采用火焰加热的麻烦和不安全因素，主要具有以下特点：

（1）冷缩式电缆附件常采用硅橡胶或乙丙橡胶材料制成，抗电晕及耐腐蚀性能强。其电性能优良，使用寿命长。

（2）安装工艺简单。采用冷缩技术，安装时无须动火及专用工具，只需轻轻抽取芯绳，接地线采用恒力弹簧连接固定，无需焊接。

（3）冷缩式电缆附件产品的通用范围宽，因为采用预扩张技术，一种规格可适用多种电缆线径。因此冷缩式电缆附件产品的规格较少，所以容易进行选择和管理。

（4）性能可靠。冷缩式附件从结构上讲，应力控制管、外绝缘保护及防雨裙呈一体化，结构紧凑，电缆终端性能长期保持稳定。

（5）良好的疏水性。冷缩式附件外绝缘材料为高品质硅橡胶材料，水滴在上面会自动滚落，不会形成导电的水膜。

（6）与热缩式电缆附件相比，除了它在安装时可以不用火加热，从而更适用于不宜引入火种的场所进行安装外，在安装以后挪动或弯曲时也不会像热缩式电缆附件那样容易在附件内部层面间出现脱开的危险，这是因为冷缩式电缆附件是靠橡胶材料的弹性压紧力紧密附贴在电缆本体上，可以适应电缆本体适当的变动。

（7）与预制式电缆附件相比，虽然两者都是靠橡胶材料的弹性压紧力来保证内部界面特性，但是冷缩式电缆附件不需要像预制式电缆附件那样与电缆截面一一对应，规格比预制式电缆附件少。另外，在安装到电缆上之前，预制式电缆附件的部件是没有张力的，而冷缩式电缆附件是处于高张力状态，因此必须保证在存贮期内，冷缩部件不能有明显的永久变形或弹性应力松弛，否则，安装在电缆上以后不能保证有足够的弹性反紧力，从而不能保证良好的界面特性。

2．冷缩附件安装注意事项

（1）安装前应检查冷缩件，不允许有开裂现象，同时避免利器划伤冷缩件，安装前不得抽冷缩附件的支撑骨架。

（2）严格按工艺尺寸进行剥切，并做好临时标记，冷缩件收缩好后应与标记齐平，切冷缩绝缘管时不可造成纵向切痕。

（3）安装中间接头时，冷缩件骨架条伸出端应先套入较长的一端以便抽拉骨架。

3.5.2 10kV 电力电缆冷缩式终端的制作

1．主要工艺流程

按制作顺序，依次为：①施工准备工作；②电缆预处理；③安装冷缩附件；④应力处理；⑤安装终端；⑥压接接线端子；⑦安装冷缩相色管；⑧冷缩户外终端。

2．10kV 电力电缆冷缩式终端制作的具体操作步骤及要求

1）施工准备工作

（1）清理工作场地，施工前应检查所用工具及附件材料是否齐全、合格，如压接钳模具与电缆规格应配套等。

（2）打开包装取出电缆附件，对照装箱单，查看配件是否齐全，与电缆尺寸、规格是否相符，如图 3-54 所示。

（3）电缆附件安装前，应检查电缆端部是否密封完好，有无进潮现象。对交联电缆，如发现进潮，要经去潮处理后再使用。

2）电缆预处理

（1）固定电缆：电缆终端头的制作安装，应尽量垂直固定进行，以免地面安装后，吊装时造成线芯伸缩错位，三相长短不一，使分支手套附件局部受力损坏。根据终端头的安装位

置，将电缆固定在终端头支持卡子上，为防止损伤外护套，卡子与电缆间应加衬垫，按实际测量尺寸加上施工余量，锯除多余电缆。

图 3-54　核对附件

（2）确定剥切尺寸：校直、清洁电缆，按图 3-55 所示确定电缆的剥切尺寸，依次剥除外护套、铠装层、内护套及填充料。

（3）剥切外护套：自电缆端头量取 A+B（A 为现场实际尺寸，B 为接线端子孔深）的长度剥除电缆外护套。剥除外护套，应分两次进行，以避免电缆铠装层钢带松散。再往下剥 25mm 外护套，露出钢铠，自开剥处往下 50mm 部分用清洁纸擦洗干净。

（4）锯除铠装层：紧固铠装层钢铠，从电缆外护套端口量取钢铠 25mm 锯除铠装层，锯钢铠时，其圆周锯痕不应超过钢铠厚度的 2/3，不得锯穿，以免损坏内护套。

（5）剥切内护套及填充料：用绝缘自粘带将电缆三相铜屏蔽端头包扎好，以防铜屏蔽带松散。按尺寸要求保留 10mm 内护套，其余剥除，剥切内护套时不得损伤铜屏蔽层。沿内护套边沿刀口由里向外切割填充料，切割时不得损伤铜屏蔽层。分开三相线芯时，不可硬行弯曲，以免铜屏蔽层褶皱变形。对褶皱部位用绝缘自粘带缠绕，以防划伤冷缩管。

（6）固定钢铠地线：将三角垫锥用力塞入电缆分岔处，打光钢铠上的油漆、铁锈，用恒力弹簧将钢铠地线固定在钢铠上。为了牢固，地线要留 10～20mm 的头，恒力弹簧将其绕一圈后，把露的头反折回来，再用恒力弹簧缠绕，如图 3-56 所示，安装完用 23 号绝缘胶带缠绕两层将恒力弹簧包覆住。

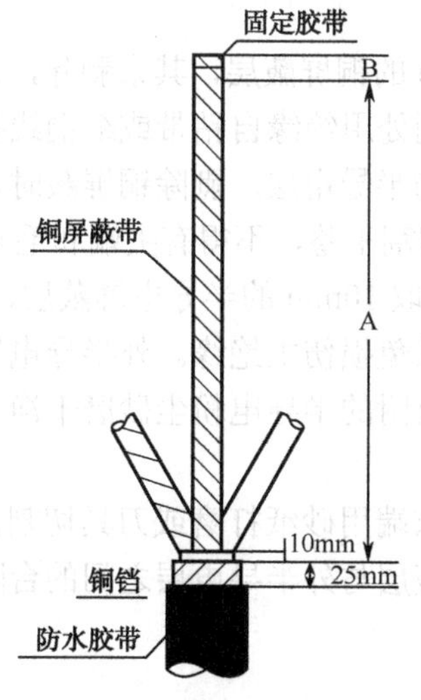

图 3-55　10kV 电力电缆冷缩式终端的剥切尺寸

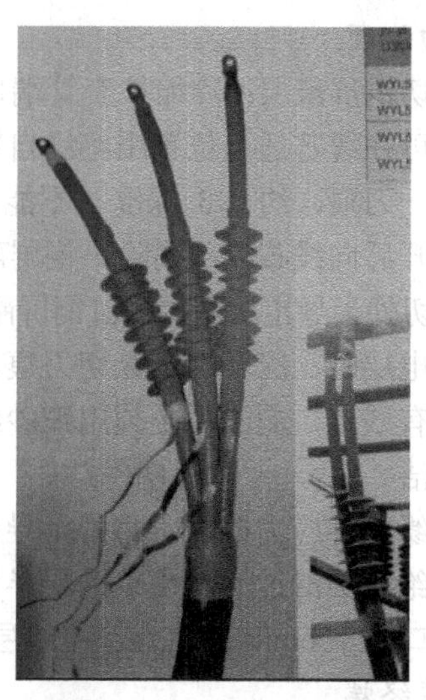

图 3-56　固定钢铠地线

（7）固定铜屏蔽地线：在三芯铜屏蔽根部缠绕接地线，将其向下引出（注意地线位置与钢铠地线位置相背），用恒力弹簧将地线固定在铜屏蔽上，半重叠绕包第二层 23 号绝缘带，将地线夹在当中，以防止水气顺地线间隙渗入。

（8）包绕填充胶：用填充胶将接地线处绕包充实，并自断口以下 50mm 至整个恒力弹簧、钢铠及内护层，用填充胶缠绕两层，三岔口处多缠一层，这样做出的冷缩指套饱满充实。在填充胶及恒力弹簧外缠一层黑色自粘带，目的是容易抽出冷缩指套内的塑料条。

3）安装冷缩附件

（1）安装冷缩分支手套：先将 3 个指管内部的支撑管略微拽出一点（从里看和指根对齐），再将分支手套套入电缆分叉处尽量下压，逆时针先将下端塑料条抽出，再抽指管内塑料条。收缩要均匀，不能用蛮力，以免造成附件损坏。

（2）安装冷缩护套管：在指套端头往上 100mm 之内缠绕 PVC 带，将冷缩管套至指套根部，逆时针抽出塑料条，速度应均匀缓慢，两手应配合协调，用手扶着冷缩管末端，定位后松开，不要一直攥着未收缩的冷缩管，如图 3-57 所示。

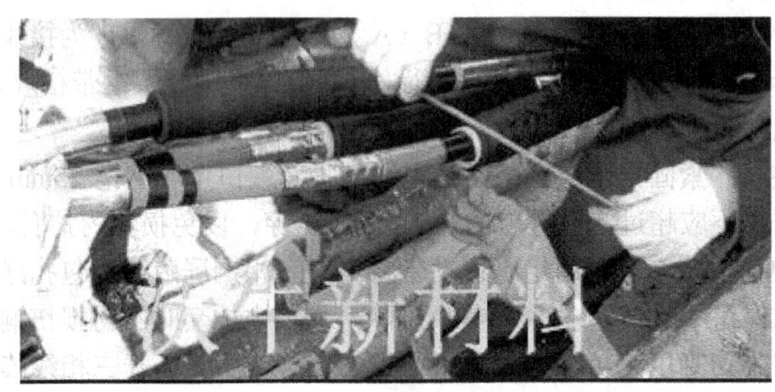

图 3-57　安装冷缩护套管

（3）切割护套管：根据冷缩管端头到接线端子的距离切除或加长冷缩管，切割护套管时必须绕包两层绝缘自粘胶带固定，圆周环切后，才能纵向剥切，剥切时不得损伤铜屏蔽层，严禁无包扎切割。

4）应力处理

（1）剥切铜屏蔽层：冷缩护套管端口向上量取 30m 的铜屏蔽层，其余剥除，为防止铜屏蔽带松散，可在缆芯适当位置用绝缘自粘带扎紧。切割处用绝缘自粘带或细铜线扎紧，切割时只能环切一刀痕，约 2/3 深度，不能切穿，以免损伤半导电层。剥除铜屏蔽时，应以刀痕处撕剥，断开后向线芯端部剥除。铜屏蔽层的端口应切割平整，不得有尖端和毛刺。

（2）剥切外半导电屏蔽层：自铜屏蔽层端口向上量取 10mm 的半导电屏蔽层，其余剥除。剥切外半导电层时，应环切及纵切刀痕，不能切穿，以免损伤主绝缘。外半导电层应剥除干净，不得留有残迹，剥除后必须用细砂纸将绝缘表面吸附的半导电粉尘砂磨干净并使绝缘层表面清洗光洁。

（3）绝缘端部应力处理：将外半导电层及绝缘体末端用砂纸打磨或刀具切割倒角，并打磨光洁，与绝缘圆滑过渡。绕包两层半导电带将铜屏蔽层与外半导电层之间的台阶盖住。在冷缩套管管口往下 6mm 的地方包绕一层防水胶。

5）安装终端

（1）剥除线芯末端绝缘：用清洁纸清洁电缆绝缘表面，清洁时，从线心端头向外半导层

方向擦拭，切不可来回擦。剥除线芯末端绝缘的长度为接线端子的孔深加 5mm。剥除线芯绝缘时，不得损伤线芯导体，应顺着导线绞合方向进行，不得使导体松散变形。

（2）安装终端：在三相分支手套口往下 25mm 处，绕包绝缘带做标识，此处作为终端安装基准。将硅脂涂在线芯表面（多涂），套入冷缩式终端，用力将终端套入，慢慢拉动终端内的支撑条，直至终端下端口与标识对齐为止，不得超出标识。

冷缩式终端应从根部向绝缘端部收缩，逆时针轻轻拉动支撑条使冷缩管收缩（如开始收缩时发现终端和标识错位，可用手把它纠正过来）。收缩要均匀，不能用力过大，以免造成附件损坏。在终端与冷缩护套管搭接处，必须绕包几层绝缘自粘胶带，加强密封。

6）压接接线端子

（1）压接时，根据电缆的规格选择相对应的模具，套入接线端子，并和导体紧密接触，按先下后上的顺序进行压接。

（2）压接后打磨毛刺、飞边，擦拭干净后，用安装工艺说明书中指定的填充物将接线端子处填充。

（3）接地端子与地网连接必须牢靠。

7）安装冷缩相色管

（1）将冷缩相色管按相序颜色分别套入各相，逆时针抽出塑料螺旋条，如图 3-58 所示。同一电缆线芯的两端相色应一致，且与连接母线的相序相对应。

（2）固定三相时，应保证相与相（接线端子之间）的距离，户外≥200mm，户内≥125mm。

8）冷缩户外终端

制作好的冷缩式终端，如图 3-59 所示。

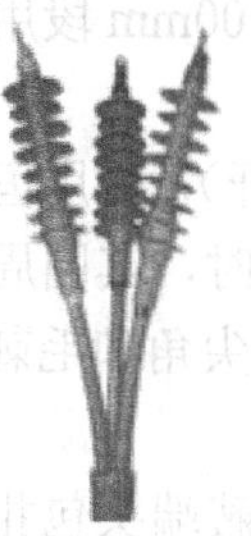

图 3-58　安装冷缩相色管

图 3-59　冷缩式终端

3.5.3　10kV 电力电缆冷缩式中间接头的制作

1. 主要工艺流程

按制作顺序，依次为：①施工准备工作；②电缆预处理；③应力处理；④套入中间接头；⑤压接连接管；⑥安装中间接头；⑦恢复内护套；⑧恢复外护套。

2. 10kV 电力电缆冷缩式中间接头制作的具体操作步骤及要求

1）施工准备工作

（1）施工前应检查所用工具及附件材料是否齐全、合格，如压接钳模具与电缆规格应配套等。

（2）核对附件装箱单与附件材料是否相符，电缆附件规格应与安装的电缆规格相符。

（3）电缆附件安装前，应检查电缆端部是否密封完好，有无进潮现象。对交联电缆，如发现进潮，要经去潮处理后再使用。

2）电缆预处理

（1）确定接头中心：将电缆置于最终位置，分别擦洗两端 1m 范围内电缆护套，把灰尘、油污及其他污垢拭去。校直电缆，将两电缆对直，重叠 200～300mm，确定接头中心，锯掉多余电缆。

（2）确定剥切尺寸：按图 3-60 所示确定剥切尺寸。

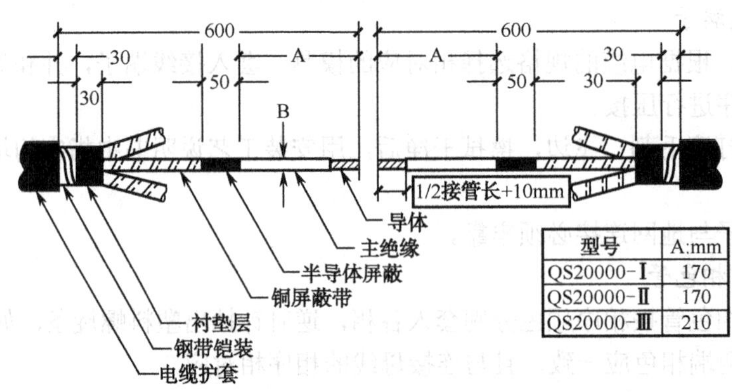

型号	A:mm
QS20000-Ⅰ	170
QS20000-Ⅱ	170
QS20000-Ⅲ	210

图 3-60　10kV 电缆冷缩式中间接头的剥切尺寸

（3）剥切外护套：自接头中心分别量取长端 800mm 和短端 600mm，剥切外护套。剥除应分两次进行，以避免电缆铠装层钢带松散。将外护套断口后 100mm 段用砂布打毛并用清洁纸擦洗干净。

（4）锯除铠装层：保留端口处一小段外护套（防止钢铠散开），先用恒力弹簧紧固铠装层钢铠，从电缆外护套端口量取钢铠 30mm 锯除铠装层，锯钢铠时，其圆周锯痕不应超过钢铠厚度的 2/3，不得锯穿，以免损坏内护套，切口要整齐，不得有尖角和毛刺。去除后用绝缘自粘带把端口锐边包住。

（5）剥切内护套及填充料：用绝缘自粘带将电缆三相铜屏蔽端头包扎好，以防铜屏蔽带松散。按尺寸要求在距铠装层 30mm 处剥除内护套，剥切内护套时不得损伤铜屏蔽层。沿内护套边沿刀口由里向外切割填充料，切割时不得损伤铜屏蔽层。分开三相线芯时，不可强行弯曲，以免铜屏蔽层褶皱变形。

（6）锯除多余电缆线芯：按相色要求将各对应线芯绑好，线芯弯曲不宜过大，以便于操作为宜，但一定要保证弯曲半径符合规定要求。锯线芯前应按图 3-60 所示将接头中心尺寸核对准确，锯掉多余线芯。锯割时，应保持电缆线芯端口平直。

3）应力处理

（1）剥切铜屏蔽层：在距端头 300mm 处剥除铜屏蔽层，为防止铜屏蔽带松散，可在缆芯适当位置用绝缘自粘带扎紧。剥铜屏蔽时，切割处用绝缘自粘带或细铜线扎紧，切割时只能环切一刀痕，约 2/3 深度，不能切穿，以免损伤半导电层。剥除铜屏蔽时，应从刀痕处撕剥，断开后向线芯端部剥除。铜屏蔽层的端口应切割平整，不得有尖端和毛刺。

（2）剥切外半导电层：在距铜屏蔽端口 50mm 处剥除外半导电屏蔽层。剥切外半导电时，应环切及纵切刀痕，不能切穿，以免损伤主绝缘。外半导电层应剥除干净，不得留有残迹，

剥除后必须用细砂纸将绝缘表面吸附的半导电粉尘砂磨干净并清洗光洁。

（3）剥切线芯末端绝缘：剥切线芯末端绝缘的长度为 1/2 连接管长加 5mm。剥切线芯绝缘时，不得伤及线芯导体，应顺线芯绞合方向进行，以防线芯导体松散变形。

（4）绝缘层端部应力处理：在两端电缆绝缘的端部做 3mm×45° 倒角。

4）套入中间接头

（1）绝缘层端口的倒角用砂布或小圆锉打磨圆滑，线芯导体端部的锐边应锉去，用砂布打磨主绝缘表面（不能用打磨过半导电层的砂布打磨主绝缘），清洁干净后用绝缘自粘带包好。

（2）套入中间接头管：从开剥长度较长的一端装入冷收缩绝缘主体，较短的一端套入铜屏蔽编织网套。套入前必须将绝缘层、外半导电层、铜屏蔽层用清洁纸依次清洁干净，套入时，应注意塑料衬管条伸出一端先套入电缆线芯。

5）压接连接管

压接前应先检查连接管与电缆线芯标称截面相符，并选择相对应的模具。连接管压接时，两端线芯应顶牢，不得松动，按照先中间后两边的顺序进行压接。压接后，连接管表面的尖端、毛刺用锉刀和砂纸打磨平整光洁，用清洁纸将绝缘层表面和连接管表面以及中间接头靠近连接管端头部位清洗干净。按要求将接管处填充。

6）安装中间接头

（1）用清洁纸将线芯绝缘表面和铜罩表面清洗一次，待清洁剂挥发后，在绝缘表面涂抹一层绝缘混合剂。

（2）按安装工艺的要求在电缆短端的半导电层上做应力锥的定位标记。经认真检查后，将中间接头移至中心部位，其一端与定位标记齐平。然后逆时针方向旋转拉衬，如图 3-61 所示，速度必须缓慢均匀，使中间接头自然收缩，收缩完毕后立刻调整位置，用双手从接头中部向两端圆周捏一捏，使中间接头内壁结构与电缆绝缘、半导电屏蔽层有更好的界面接触。

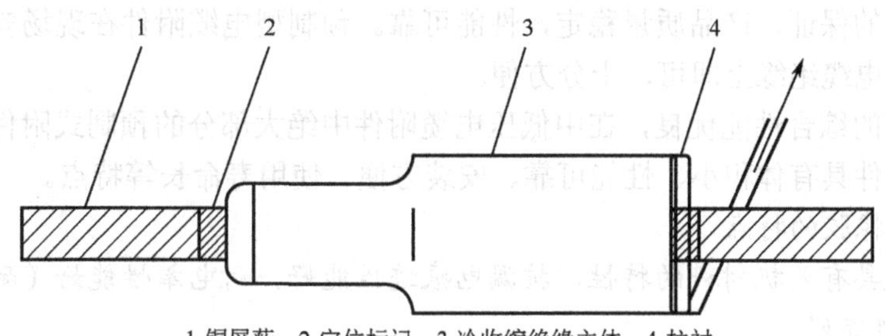

图 3-61 安装中间接头示意图

在收缩后的绝缘主体两端用阻水胶缠绕成 45° 的斜坡，坡顶与中间接头端面平齐，再用半导电带在其表面进行包缠。

7）恢复内护套

（1）连接铜屏蔽：在装好的接头主体外部套上铜屏蔽编织网，用绝缘自粘带把铜网套绑扎在接头主体上，用恒力弹簧将铜网套固定在电缆铜屏蔽层上。将铜网套两端修齐整，恒力弹簧前需保留 10mm，半重叠包绕两层绝缘自粘带直至将恒力弹簧包覆住。

（2）恢复内护套：电缆三相接头之间的间隙必须用填充料填充饱满，再用 PVC 带半重叠绕包，将电缆三相并拢扎紧，以增强接头整体结构的严密性和机械强度。在两端 30mm 处的内护套上用绝缘砂纸打磨粗糙并清洗干净，然后从一端内护套上开始半重叠绕包防水带至另一端内护套上一个来回，绕包时将胶带拉伸至原来宽度的3/4，完成后，双手用力挤压胶带，使其紧密贴附。

8）恢复外护套

（1）连接两端钢铠：先用锉刀和砂纸将钢铠表面防锈化层去除干净并打磨光洁。在铜编织带两端各80mm的范围内将编织线展开，展开部分贴附在防水带和钢铠上并与外护套搭接，夹入并反折恒力弹簧之中，用力收紧，并用绝缘自粘带缠紧固定，以增加铜编织带与钢铠的接触面和稳固性。用防水带作防潮密封，从一端护套上距离60mm处开始半重叠绕包至另一端护套上60mm处一个来回，绕包时将胶带拉伸至原来宽度的3/4，完成后，双手用力挤压胶带，使其紧密贴附。

（2）恢复外护套：加热收缩护套管，需按要求缠绕热熔胶，先加热收缩一端护套管，收完一端，继续缠热溶胶，加热收缩另一端护套管。将水倒入错装带包装内，揉搓1分钟，铠装带取出后从一端热护套管外的电缆外护套100mm处开始，半重叠绕包错装带至另一端。为得到最佳的效果，30分钟内不得移动电缆。

3.6 预制式电缆附件安装

3.6.1 预制式电缆附件特点

预制式电缆附件，又称预制件装配式电缆附件，是将电缆终端或中间接头的绝缘体、内屏蔽和外屏蔽在工厂里预先制作成一个完整的预制件的电缆附件。预制件通常采用三元乙丙橡胶（EPDM）或硅橡胶制造，经过精确设计计算的应力锥控制电场分布，将混炼好的橡胶料用注橡机注射入模具内，而后在高温、高压或常温、高压下硫化成型。因此，它的形状尺寸得到最大限度的保证，产品质量稳定，性能可靠。预制型电缆附件在现场安装时，只需将橡胶预制件套入电缆绝缘上即可，十分方便。

鉴于硅橡胶的综合性能优良，在中低压电缆附件中绝大部分的预制式附件都是采用硅橡胶制造。这类附件具有体积小、性能可靠、安装方便、使用寿命长等特点。

【知识拓展】 硅橡胶的特点

（1）硅橡胶具有无机材料的特性，抗漏电痕迹性能好，耐电晕性能好（耐电晕性能接近云母），耐电蚀性能好。

（2）硅橡胶的耐热、耐寒性能优越，在-80～250℃的宽广适用范围内电性能、物理性能、机械性能稳定。其次硅橡胶还具有良好的憎水性，水分在其表面不形成水膜而是聚集成珠，且吸水性小于0.015%，同时其憎水性对表面的灰尘具有迁移性，因此抗湿闪、抗污闪性能好。因此硅橡胶预制式附件能运用于各种恶劣环境中。

（3）常温下，硅橡胶体积电阻率为10^{14}～$10^{16}\Omega\cdot cm$，介电常数为2.8～3.4，介质损耗角正切10^{-3}以下，而且在0～250℃范围内其参数几乎均不受温度变化的影响。

（4）硅橡胶的弹性好，而且它的耐寒性使它即使在低温下也具有很好的弹性。良好的弹性加上硅橡胶预制式附件与电缆绝缘采用过盈配合，就能保证附件与电缆截面上有足够的作用力使内界面紧密配合。

（5）硅橡胶的导热性能好，其导热系数是一般橡胶的2倍。其良好的导热性能有利于电缆附件散热和提高载流量，减弱热场造成的不利影响。

3.6.2　10kV 电力电缆预制式终端的制作

1. 主要工艺流程

按制作顺序，依次为：①施工准备工作；②电缆预处理；③热缩电缆附件；④应力处理；⑤安装终端套管；⑥压接接线端子；⑦绕包相色带。

2. 10kV 电力电缆预制式终端制作的具体操作步骤及要求

1）施工准备工作

（1）施工前应检查所用工具及附件材料是否齐全、合格，如压接钳模具与电缆规格应配套等。

（2）核对附件装箱单与附件材料是否相符，电缆附件规格应与安装的电缆规格相符。

（3）电缆附件安装前，应检查电缆端部是否密封完好，有无进潮现象。对交联电缆，如发现进潮，要经去潮处理后再使用。

2）电缆预处理

（1）固定电缆：电缆终端头的制作安装，应尽量垂直固定进行，以免地面安装后，吊装时造成线芯伸缩错位，三相长短不一，使分支手套局部受力损坏。根据终端头的安装位置，将电缆固定在终端头支持卡子上，为防止损伤外护套，卡子与电缆间应加衬垫。根据实际测量加上施工余量，预切割电缆。

（2）确定剥切尺寸：校直电缆，按图 3-62 所示要求确定剥切尺寸，依次剥切外护套、铠装层、内护套和填充料。

（3）剥切外护套：根据尺寸要求在距支持卡子 110mm 处剥除外护套，剥除应分两次进行，以避免电缆铠装层钢带松散。外护套端口以下 100mm 部分用砂纸打毛并清洗干净，以保证分支手套定位后，密封性能可靠。

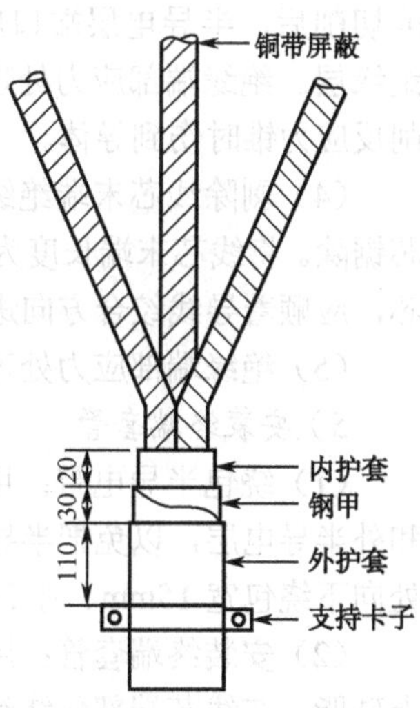

图 3-62　10kV 电缆预制式终端的剥切尺寸

（4）锯除铠装层：先用恒力弹簧紧固铠装层钢铠，按要求在距外护套 30mm 处锯除钢铠。锯钢铠时，其圆周锯痕不应超过钢铠厚度的 2/3，不得锯穿，以免损坏内护套。剥除钢铠时，应用钳子首先沿锯痕将钢铠卷断，钢铠断开后再向电缆端头剥除。

（5）剥切内护套及填料：用绝缘自粘带将电缆三相铜屏蔽端头包扎好，以防铜屏蔽带松散。按尺寸要求在距钢铠 20mm 处剥除内护套，剥切内护套时不得损伤铜屏蔽层。沿内护套边沿刀口由里向外切割填充料，切割时不得损伤铜屏蔽层。分开三相线芯时，不可强行弯曲，以免铜屏蔽层褶皱变形。

（6）焊接钢铠地线及铜屏蔽地线：接地编织带应分别焊牢在钢铠的两层钢带上和三相铜屏蔽层上。焊面上的尖角和毛刺必须打磨平整。

（7）包绕填充胶：将两条铜编织带撩起，在外护套上包缠一层密封胶，再将铜编织带放回，在铜编织带和外护层上再包两层密封胶。电缆内、外护套端口绕包填充胶，三相分岔部位空间填实，将填充胶在分支处包绕成橄榄形。绕包体表面应平整，绕包后外径必须小于分支手套内径。

3）热缩电缆附件

（1）热缩分支手套：将分支手套套入电缆三叉部位，并尽量拉向三芯根部，压紧到位。从分支手套中间向两端加热收缩，火焰不得过猛，并与电缆成45°夹角，环绕加热，均匀收缩，收缩后不得有空隙存在。在分支手套下端口部位，应绕包几层密封胶加强密封。根据系统相序排列及布置形式，适当调整排列好三相线芯。

（2）热缩护套管：清洁分支手套的手指部分，包绕红色密封胶，将三根护套管涂有热溶胶的一端分别套至分支手套三指管根部，按由下向上的顺序进行加热收缩，加热应缓慢，使管中的气体完全排出，使其均匀收缩。

（3）剥除多余护套管：将三相线芯按最终位置排列好，用绝缘自粘带在线芯上标识出接线端子下端面的位置，将标识线以下185mm（户外终端225mm）的护套管剥除，剥除时，绕包绝缘自粘带固定，环切之后才能纵向割切，并不得损伤铜屏蔽层，严禁无包扎剥切。

4）应力处理

（1）剥除铜屏蔽层：在距护套管末端15mm处将铜屏蔽层剥除。剥切铜屏蔽层时，应用自粘带固定，切割时只能环切一刀痕，深度约2/3，不能切穿，以免损伤半导电层。剥除时，应在刀痕处撕剥，断开后向线芯端部剥除。

（2）剥切外半导电层：在距铜屏蔽端口20mm处剥除外半导电层。剥切外半导电层时，应环切及纵切刀痕，不能切穿，以免损伤主绝缘。外半导电层剥除后，绝缘表面必须用细砂纸打磨，去除吸附在绝缘表面的半导电粉尘。

（3）绝缘屏蔽层端部应力处理：外半导电层端部用砂纸打磨或切削45°小斜坡，打磨或切削后，半导电层端口应平齐，坡面应平整光洁，与绝缘层圆滑过渡，处理中不得损伤绝缘层。绝缘端部应力处理前，用绝缘自粘带粘面朝外将电缆三相线芯端头包扎好，以防切削反应力锥时伤到导体。

（4）剥除线芯末端绝缘：核对相色，按系统相色摆好三相线芯，按照要求，将多余电缆芯锯除。将线芯末端长度为接线端子孔深加5mm的绝缘剥除。剥除末端绝缘时，不得伤到线芯，应顺着导线绞合方向进行，以免导体松散变形。

（5）绝缘端部应力处理：绝缘端部倒角2mm×45°。

5）安装终端套管

（1）绕包半导电带：用清洁纸，从绝缘层端部向外半导电层端部方向一次性清洁绝缘层和外半导电层，以免把半导电粉质带到绝缘上。半导电带拉伸约2倍，在半导电屏蔽20mm处向下绕包宽15mm、厚3mm的圆柱形台阶，其上平面应和线芯垂直，圆周应平整。

（2）安装终端套管：用清洗剂将线芯、绝缘及半导电层表面清洗干净，停留5分钟后涂上硅脂，在线芯端部包绕绝缘自粘带或把塑料护帽套在线芯导体上，防止终端套入时导体边缘刺伤内部绝缘。

在主绝缘、半导电层及终端头内侧底部均匀涂抹一层硅脂后，套入终端头，终端头应力锥套至电缆上的半导电带缠绕体，使线芯导体从终端头上端露出，整个推入过程不宜过久。

6）压接接线端子

拆除线芯端部包绕的绝缘自粘带或塑料护帽，将特制接线端子套入线芯，与终端头顶部接触，直到端子上防雨帽完全搭接在终端头密封唇边上。

接线端子与导体紧密接触，用压接钳按照先下后上的顺序进行压接。压接后，端子表面尖端和毛刺需打磨光洁。

7）绕包相色带

固定三相，保证接线端子之间的距离，户外≥200mm、户内≥125mm。检查终端头下部与半导电带有良好的接触，在终端头底部电缆上绕包一圈密封胶，装上卡带，包绕相色带。将终端头的接地线与地网进行良好、可靠连接。

3．10kV 电力电缆预制式终端头结构图

10kV 预制式终端结构如图 3-63 所示。

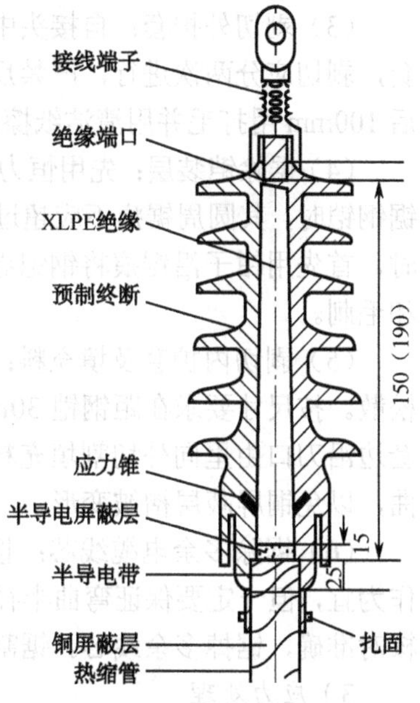

图 3-63　10kV 电力电缆预制式终端结构图（单位：mm）

3.6.3　10kV 电力电缆预制式中间接头的制作

1．主要工艺流程

按制作顺序，依次为：①施工准备工作；②电缆预处理；③应力处理；④推入预制件；⑤压接连接管；⑥预制件复位；⑦恢复内护套；⑧恢复外护套。

2．10kV 电力电缆预制式中间接头具体操作步骤及要求

1）施工准备工作

（1）施工前应检查所用工具及附件材料是否齐全、合格，如压接钳模具与电缆规格应配套等。

（2）核对附件装箱单与附件材料是否相符，电缆附件规格应与安装的电缆规格相符。

（3）电缆附件安装前，应检查电缆端部是否密封完好，有无进潮现象。对交联电缆，如发现进潮，要经去潮处理后再使用。

2）电缆预处理

（1）确定接头中心：将电缆置于最终位置，分别擦洗两端 1m 范围内电缆护套，把灰尘、油污及其他污垢拭去。校直电缆，将两电缆对直，重叠 200～300mm，确定接头中心，锯掉多余电缆。将电缆接头两端的外护套擦净，在长端套入两根长管，在短端套入一根短管。

（2）确定剥切尺寸：按图 3-64 所示要求确定剥切尺寸，依次剥切外护套、铠装层、内护套和填充料。

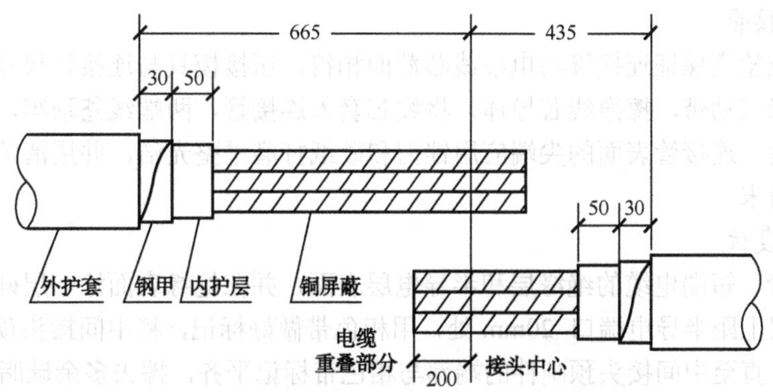

图 3-64　10kV 电力电缆预制式中间接头的剥切尺寸（单位：mm）

（3）剥切外护套：自接头中心处分别量取长端 665mm 和短端 435mm 的距离，剥切外护套，剥切应分两次进行，严禁反方向操作，以避免保留电缆铠装层钢带松散，将外护套断口后 100mm 用打毛并用清洁纸擦洗干净。

（4）锯除铠装层：先用恒力弹簧紧固铠装层钢铠，按要求在距外护套 30mm 处锯除钢铠，锯钢铠时，其圆周锯痕不应超过铠装钢铠厚度的 2/3，不得锯穿，以免损坏内护套。剥除钢铠时，首先用钳子沿锯痕将钢铠卷断，钢铠断开后再向电缆端头剥除。端口整齐，不得有尖角和毛刺。

（5）剥切内护套及填充料：用绝缘自粘带将电缆三相铜屏蔽端头包扎好，以防铜屏蔽带松散。按尺寸要求在距钢铠 30mm 处剥除内护套，剥切内护套时不得损伤铜屏蔽层。沿内护套边沿刀口由里向外切割填充料，切割时不得损伤铜屏蔽层。分开三相线芯时，不可硬行弯曲，以免铜屏蔽层褶皱变形。

（6）锯除多余电缆线芯：按相色要求将各对应线芯绑好，线芯弯曲不宜过大，以便于操作为宜，但一定要保证弯曲半径符合规定要求。锯线芯前，应按图 3-64 所示将接头中心尺寸核对准确，锯掉多余线芯。锯割时，应保持电缆线芯端口平直。

3）应力处理

（1）剥除铜屏蔽层：在距内护套末端 145mm 处将铜屏蔽层剥除。剥切铜屏蔽层时，切割处应用恒力弹簧固定，切割时只能环切一刀痕，深度约 2/3，不能切穿，以免损伤半导电层。剥除时，应在刀痕处撕剥，断开后向线芯端部剥除。

（2）剥切外半导电层：在距电缆中心位置 165mm 处剥除外半导电屏蔽层。剥切外半导电层时，应环切及纵切刀痕，不能切穿，以免损伤主绝缘。外半导电层剥除后，绝缘表面必须用细砂纸打磨，去除吸附在绝缘表面的半导电粉尘。

（3）剥切绝缘：按 1/2 接管长加 5mm 的长度剥切电缆线芯末端绝缘，剥切绝缘，不得伤及线芯导体，顺线芯绞合方向进行，以防线芯导体松散变形。

绝缘端部倒角 1mm×45°。倒角用砂纸打磨圆滑，线芯导体端部的锐边应锉去，清洁干净后用绝缘自粘带包好，以防尖端锐边损坏硅橡胶预制件。

4）推入预制件

用清洁纸从绝缘端部向外半导电屏蔽层一次性清洗干净，严禁清洁纸反复使用。在长端线芯导体上缠绕绝缘自粘带，防止推入中间接头时划伤内绝缘。分别在中间接头内侧、长端电缆绝缘层及半导电层上均匀地涂一层硅脂。用力一次性将中间接头预制件推入到长端电缆芯上，直到电缆绝缘从另一端露出为止，用干净的布擦去多余的硅脂。

5）压接连接管

压接前，应检查保证连接管与电缆线芯截面相符，压接模具与连接管尺寸配套。拆除线芯导体上的绝缘自粘带，擦净线芯导体，将线芯套入连接管，两端线苍顶牢，没有松动后进行压接，压接后，连接管表面的尖端应用锉刀和砂纸打磨平整光洁，并用清洁纸清洗干净，不能留有金属粉末。

6）预制件复位

清洁连接管、短端电缆的绝缘层和半导电层表面，并在绝缘表面涂一层硅脂，然后在电缆短端半导电层上距半导电端口 20mm 处，用相色带做好标记，将中间接头预制件用力推过连接管及绝缘，直至中间接头预制件的端部与相色带标记平齐，擦去多余硅脂。

硅橡胶预制件推入和复位过程中，受力应均匀，预制件定位后，用手从预制件的中部向

两端用力捏一捏，稍加整形，以消除推拉时的变形和扭曲，使之有更好的界面接触。

7）恢复内护套

（1）连接铜屏蔽：预制件定位后，在预制件两端将半导电带拉伸约 2 倍绕出与接头相同外径的台阶，然后以半重叠的方式在预制件外部绕一层半导电带。从一端电缆的内护套前端开始以半重叠的方式绕一层铜编织网至另一端电缆的内护套前端，铜编织网两端用恒力弹簧固定在铜屏蔽层上，固定时，恒力弹簧应用力收紧，并用绝缘自粘带缠紧固定，以防接点松弛，接触不良。将 25mm^2 的铜编织带的两端拉紧连接两端铜屏蔽带，用铜丝扎紧并焊牢。

（2）热缩内护套：将线芯并拢，三相接头之间应用密封泥填实用白布带后扎紧，这样有利于外护层的恢复，增加整体结构的紧密性。两端电缆内护套清洗干净并绕包一层密封胶，将一根长热缩管拉至接头中间，两端与密封胶搭盖，由中间开始向两端均匀、缓慢、环绕加热，直至两端有少量热熔胶溢出，两护套管中间搭接部位必须接触良好，密封可靠。

8）恢复外护套

（1）连接铠装层：用 25mm^2 的铜编织带连接两端钢铠。将铜编织带端头呈宽度方向略加展开，夹入并反折恒力弹簧之中，用力收紧，并用绝缘自粘带缠紧固定，以增加铜编织带与钢铠的接触面和稳固性。

（2）热缩外护套：将接头两端电缆的外护套端口 150mm 段清洗干净，用锉刀或粗砂纸打毛，缠两层密封胶，将剩余两根热缩管定位后均匀环绕加热，使其收缩到位。要求热缩管与电缆外护套及两热缩管之间搭接长度不小于 100mm，两热缩管重叠部分也要用砂纸打毛并缠密封胶。为保证最佳效果，30 分钟以后，方可进行电缆接头的搬移工作，以免损坏外护层结构。

3.7　绕包式电缆附件安装

3.7.1　10 kV 电力电缆绕包式中间接头的制作

绕包式附件的主要结构是在现场绕包成型的。各种不同特性的带材，包括以乙丙橡胶、丁基橡胶或硅橡胶为基材的绝缘带、半导电带、应力控制带、抗漏电痕带、密封带、阻燃带等，在一定范围内是通用的，不受电缆结构尺寸的影响。为确保绕包式附件的质量，应注意选用合格的带材，并具备良好的施工环境条件（如环境湿度、防尘措施等）。

绕包式电缆附件的最大特点是绝缘与半导电屏蔽层都是以橡胶为基材的自粘性带材现场绕包成型的。

一般情况下，国内已经很少采用绕包型电缆附件。但在有些紧急抢修的情况下，一时难以找到合适的电缆附件或抢修时间较短时，用绕包型电缆附件不失为一个合理的方案。因为它的结构简单、备料容易、施工速度快，在中低压等级下使用还是比较可靠的。

1. 主要工艺流程

按制作顺序，依次为：①施工准备工作；②电缆预处理；③应力处理；④压接连接管；⑤绕包带材；⑥装保护盒。

2. 10kV 电力电缆绕包式中间接头制作的具体操作步骤及要求

1）施工准备工作

（1）施工前应检查所用工具及附件材料是否齐全、合格，如压接钳模具与电缆规格应配套等。

（2）核对附件装箱单与附件材料是否相符，电缆附件规格应与安装的电缆规格相符。

（3）电缆附件安装前，应检查电缆端部是否密封完好，有无进潮现象。对交联电缆，如发现进潮，要经去潮处理后再使用。

2）电缆预处理

（1）确定接头中心：将电缆置于最终位置，分别擦洗两端 1m 范围内的电缆护套，把灰尘、油污及其他污垢拭去。校直电缆，将两电缆对直，确定接头中心，按图 3-65 所示及表 3-7 的要求确定 T 的尺寸（即剥切尺寸）。

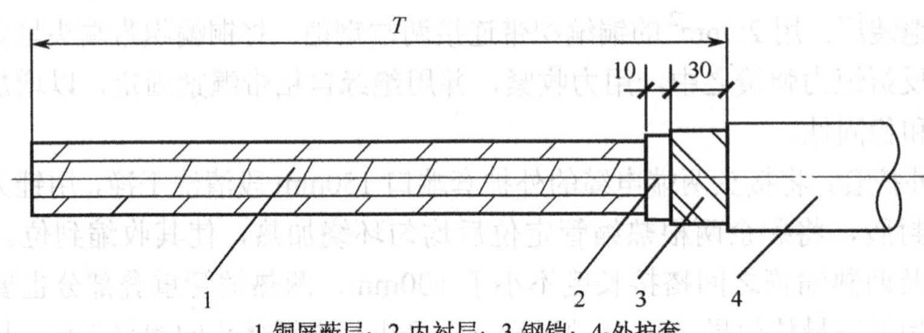

图 3-65　10kV 电力电缆绕包式中间接头的剥切尺寸

表 3-7　10kV 交联电缆绕包式中间接头 T 的尺寸

电缆截面/mm^2	T/mm
25～50	500
95～120	600～700
150～185	700
240～400	700～800

（2）剥切外护套：自接头中心向两端电缆分别量取 T 尺寸，剥切外护套，剥切应分两次进行，严禁反方向操作，以避免保留电缆铠装层钢带松散，将外护套断口后 100mm 段用砂纸打毛并用清洁纸擦洗干净。

（3）锯除铠装层：先用恒力弹簧紧固铠装层钢铠，按要求在距外护套 30mm 处锯除钢铠，锯钢铠时，其圆周锯痕不应超过铠装钢铠厚度的 2/3，不得锯穿，以免损坏内护套。剥除钢铠时，首先用钳子沿锯痕将钢铠卷断，钢铠断开后再向电缆端头剥除。端口整齐，不得有尖角和毛刺。

（4）剥切内护套及填充料：用绝缘自粘带将电缆三相铜屏蔽端头包扎好，以防铜屏蔽带松散。按尺寸要求在距钢铠 10mm 处剥除内护套，剥切内护套时不得损伤铜屏蔽层。沿内护套边沿刀口由里向外切割填充料，切割时不得损伤铜屏蔽层。分开三相线芯时，不可硬行弯曲，以免铜屏蔽层褶皱变形。

（5）锯除多余电缆线芯：按相色要求将各对应线芯绑好，线芯弯曲不宜过大，以便于操作为宜，但一定要保证弯曲半径符合规定要求。按接头中心锯掉多余线芯，锯割时，应保持电缆线芯端口平直。

3）应力处理

（1）应力处理各部位的剥切尺寸，如图 3-66 所示。

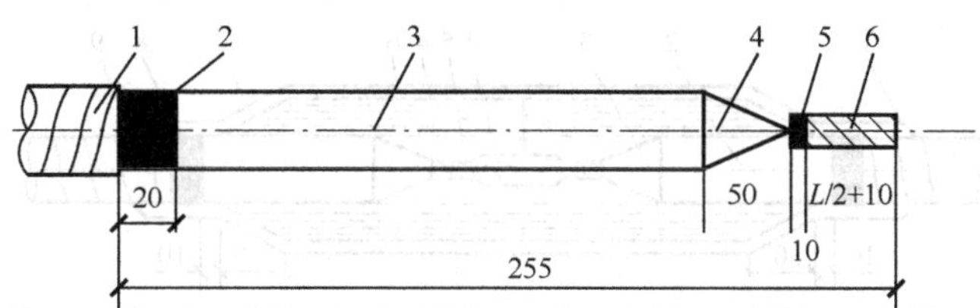

1-铜屏蔽带；2-外半导电层；3-交联绝缘；4-反应力锥；5-内半导电层；6-导体；L-连接管长度

图 3-66　10kV 电力电缆绕包式中间接头应力处理各部位的剥切尺寸（单位：mm）

（2）剥切铜屏蔽及外半导电屏蔽：在距电缆端头 255mm 处剥切铜屏蔽，剥铜屏蔽时，切割处用恒力弹簧扎紧，只能环切一刀痕，深度约 2/3，不能切穿，以免损伤半导电层。剥除时，应在刀痕处用手撕剥，断开后向线芯端部剥除。铜屏蔽层的端口应切割平整，不得有尖端和毛刺。

在距铜屏蔽 20mm 处剥切外半导电层，剥切外半导电层时，应环切及纵切刀痕，不能切穿，以免损伤主绝缘。外半导电层应剥除干净，不得留有残迹，外半导电层剥除后，用细砂纸打磨绝缘表面，去除吸附在绝缘表面的半导电粉尘。在外半导电层的端口处，用刀切削或砂纸打磨成小斜坡，坡面应砂磨圆整光洁，与绝缘层平滑过渡。

（3）剥切线芯末端绝缘：按图 3-65 所示，将线芯端部 1/2 连接管长加 10mm 长度的绝缘剥除，切削绝缘及反应力锥（铅笔头），并用专用砂纸绝缘表面打磨光滑。

4）压接连接管

压接前用清洁纸将连接管内、外和导体表面清洗干净。检查保证连接管与导体截面尺寸相符，压接模具与连接管外径尺寸配套。将线芯套入连接管，如果套入后导体较松动，应填实后进行压接。压接后，用锉刀和砂纸将连接管表面的棱角和毛刺打磨光洁，并将铜屑粉末清洗干净。

5）绕包带材

（1）绕包半导电带：用无水酒精将绝缘、半导体及连接管表面清洗干净。半导电带拉伸后绕包和填平压接管的压坑及连接与导体内半导电屏蔽层之间的间隙，然后在连接管上半搭盖绕包两层半导电带，两端与内半导电屏蔽层必须紧密搭接。

（2）绕包绝缘带：用卡尺测量连接管外径φd，在两端绝缘末端“铅笔头”处与连接管端部用 DJ-30 绝缘自粘带拉伸后绕包填平，再于两端“铅笔头”之间半搭盖绕包，绝缘外径绕包至φd+16mm 的长度，绝缘带绕包必须紧密、平整。然后绕包外半导电屏蔽、金属屏蔽（如果采用网套式，应在接管压接前预先套入各相线芯）、焊接地线。两端铜屏蔽层及铠装层用铜编织带连通。

6）装保护盒

装上保护盒，缝隙处用密封泥填实，然后灌注密封绝缘胶，密封绝缘胶的配比以及调和应按厂家说明书中的要求进行，待其基本固化后，盖上灌胶孔密封，并用绝缘自粘带粘包紧密封。如果接头安装在干燥无水的隧道或电缆层时，可不用保护盒，但要缩上热缩管，而且在热缩前，要将三相线芯间的空隙用密封泥填实。

3. 10kV 电力电缆绕包式中间接头结构

10kV 电力电缆绕包式中间接头的结构如图 3-67 所示。

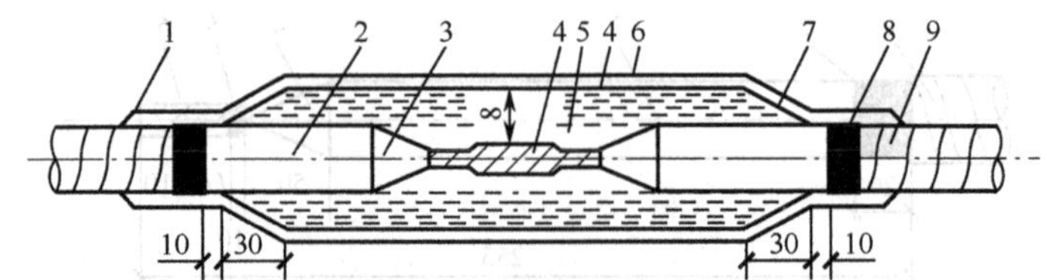

1-扎线、焊锡；2-交联绝缘；3-反应力锥；4-半导电带（1/2 搭盖，100%拉伸，2 层）；
5-DJ-30 绝缘带（1/2 搭盖，100%拉伸）；6-金属屏蔽网；7-应力锥；8-外半导电层；9-铜屏蔽带

图 3-67　10kV 电力电缆绕包式中间接头结构（单位：mm）

思考与练习

1. 何为电缆附件？电缆附件有哪些种类？
2. 电缆中间接头有哪些类型？
3. 电缆终端接头有哪些类型？
4. 热缩式电缆附件有哪些特点？
5. 冷缩式电力电缆附件的特点？
6. 电力电缆导体连接方法有几种？试分别阐述。
7. 铅护套封铅的操作方法常用的有几种？试分别阐述。
8. 热缩分支手套如何使用？
9. 冷缩式电力电缆电缆预处理的步骤？
10. 预制型电缆附件特点有哪些？
11. 10kV 电力电缆绕包式中间接头电缆预处理的步骤？

第4章　电力电缆试验

4.1　电力电缆试验的具体要求

为了保证电力系统的安全可靠运行，在电力电缆安装敷设后及使用过程中必须对电力电缆进行一系列的电性能测试。按过程分为以下三种试验：

（1）交接试验：又称验收试验。电缆在安装敷设完毕后进行的试验，其目的是检查电缆安装敷设的质量，检查电缆在安装敷设过程中是否损伤。

（2）例行试验：为获取电力电缆的状态量，评估电力电缆状态，及时发现事故隐患，定期进行的各种试验称为例行试验。

（3） 诊断性试验：巡检、在线监测、例行试验等发现电力电缆状态不良，或经受了不良工况，或连续进行了较长时间，为进一步评估电力电缆状态进行的试验。

4.1.1　电力电缆试验的一般规定

（1）对电缆的主绝缘作耐压试验或测量绝缘电阻时，应分别在每一相上进行。对一相进行试验或测量时，其他两相导体、金属屏蔽或金属套和铠装层一起接地。对金属屏蔽或金属套一段接地，另一端装有护层过电压保护器的单芯电缆主绝缘作耐压试验时，必须将护层过电压保护器短接，使这一端的电缆金属屏蔽或金属套临时接地。

（2）对额定电压 0.6/1kV 的电缆线路可用 1kV 兆欧表测量导体对地绝缘电阻代替耐压试验。

（3）对橡塑绝缘电力电缆主绝缘进行绝缘考核时，不做直流耐压试验。

（4）新敷设的电缆线路投入运行 3～12 个月，一般应做 1 次耐压试验，以后再按正常周期试验。

（5）运行部门根据电缆线路的状态评价结果，可根据各个省电力公司确定的基准例行试验周期缩短或延迟例行试验周期（延迟不超过 1 个年度）。

4.1.2　电力电缆试验项目、周期和要求

橡塑绝缘电力电缆线路的试验项目、周期和要求见表 4-1。

表 4-1　橡塑绝缘电力电缆线路的试验项目、周期和要求

序号	项　目	周　期	要　求	说　明
1	电缆主绝缘绝缘电阻	1）交接时； 2）必要时； 3）例行试验基准周期 3 年； 4）耐压试验前、后。	自行规定。	0.6/1kV 电缆用 1000V 兆欧表；0.6/1kV 以上电缆用 2500V 兆欧表；6/6kV 及以上电缆也可用 5000V 兆欧表。

续表

序号	项　目	周　期	要　求	说　明
2	电缆外护套绝缘电阻	1）交接时； 2）必要时； 3）例行试验基准周期3年 4）耐压试验前、后。	每千米绝缘电阻值不应低于0.5MΩ。	采用500V或1000V兆欧表。当每千米的绝缘低于 0.5MΩ时应判断外护套是否进水。
3	电缆内衬层绝缘电阻	1）交接时； 2）必要时； 3）例行试验基准周期3年。	每千米绝缘电阻值不应低于0.5MΩ。	采用500V或1000V兆欧表。当每千米的绝缘低于 0.5MΩ时应判断内衬层是否进水。
4	铜屏蔽层电阻和导体电阻比	1）交接时； 2）重作终端或接头后； 3）故障后诊断性试验； 4）必要时。	在相同温度下，测量铜屏蔽层和导体的电阻，屏蔽层电阻和导体电阻之比应无明显改变。自行规定。	比值增大，可能是屏蔽层出现腐蚀；比值减少，可能是附件中的导体连接点的电阻增大。
5	电缆主绝缘交流耐压试验	1）交接时； 2）新作终端或接头后； 3）必要时； 4）例行试验基准周期，220kV及以上3年；110kV及以下6年。	电缆主绝缘交流耐压试验可选下列三种方法之一： 1）30～300Hz 交流耐压试验：试验电压值和加压时间按表4-2规定。 2）对110kV及以上电压等级电缆，施加正常系统相对地电压24h，不击穿。 3）35kV及以下可选择0.1Hz超低频耐压试验；试验电压值按表4-3规定，交接试验时，加压时间60min，不击穿；预防性试验时，加压时间5min，不击穿。	1）进行30～300Hz谐振耐压试验时，试验电压波形畸变率不大于1%。 2）耐压前后采用2500V或5000V兆欧表测量绝缘电阻。 3）对110kV及以上电压等级电缆进行试验时，应监测电缆及接头的局部放电状况。
6	交叉互联系统	1）交接时； 2）例行试验基准周期3年。	交叉互联系统试验方法和要求，见表4-4。	
7	检查相位	1）交接时； 2）新作终端或接头后。	电缆线路的两端相位应一致并与电网相位相符合。	

表 4-2　橡塑绝缘电力电缆 30～300Hz 的交流耐压试验参数规定

电缆额定电压 U_0/U	交接试验			预防性试验		
	倍数	电压值/kV	加压时间/min	倍数	电压值/kV	加压时间/min
1.8/3	$2U_0$	3.6	60	$1.6U_0$	3	5
3.6/6	$2U_0$	7.2	60	$1.6U_0$	6	5
6/6	$2U_0$	12	60	$1.6U_0$	10	5
6/10	$2U_0$	12	60	$1.6U_0$	10	5
8.7/10	$2U_0$	17.4	60	$1.6U_0$	14	5
12/20	$2U_0$	24	60	$1.6U_0$	19	5
21/35	$2U_0$	42	60	$1.6U_0$	34	5
26/35	$2U_0$	52	60	$1.6U_0$	42	5
64/110	$2U_0$	128	60	$1.6U_0$	109	5
127/220	$1.7U_0$	216	60	$1.36U_0$	173	5
190/330	$1.7U_0$	323	60	$1.36U_0$	258	5
290/500	$1.7U_0$	493	60	$1.36U_0$	394	5

表 4-3　橡塑绝缘电力电缆 0.1Hz 超低频耐压试验电压值

电缆额定电压 U_0/U	交接试验		预防性试验	
	倍数	电压值/kV	倍数	电压值/kV
1.8/3	$3U_0$	5	$3U_0$	5
3.6/6	$3U_0$	11	$3U_0$	11
6/6	$3U_0$	18	$3U_0$	18
6/10	$3U_0$	18	$3U_0$	18
8.7/10	$3U_0$	26	$3U_0$	26
12/20	$3U_0$	36	$3U_0$	36
21/35	$3U_0$	63	$3U_0$	63
26/35	$3U_0$	78	$3U_0$	78

表 4-4　橡塑绝电力电缆的交叉互联系统试验项目、时期和标准

序号	项　目	周　期	要　求	说　明
1	电缆外护套、绝缘接头外护套与绝缘夹板的直流耐压试验	1）交接时； 2）互联系统故障时； 3）例行试验基准周期 3 年。	在每段电缆金属屏蔽或金属护套与地之间加 10kV，加压 1min 不应击穿。	试验时必须将护层过电压保护器断开，在互联箱中应将另一侧的所有电缆金属套都接地。

续表

序号	项　目	周　期	要　求	说　明
2	非线性电阻型护层过电压保护器	1）交接时； 2）互联系统故障时； 3）例行试验基准周期3年。	护层过电压保护器的直流参考电压应符合产品标准的规定。 护层保护器及其引线对地的绝缘电阻用1000V兆欧表测量绝缘电阻不应低于10MΩ。	
3	互联箱	1）交接时； 2）互联系统故障时； 3）例行试验基准周期3年。	闸刀（或连接片）的接触电阻：在正常工作位置进行测量，接触电阻不应大于20μΩ。 检查闸刀（或连接片）连接位置：应正确无误。	用双臂电桥； 在密封互联箱之前进行；发现连错改正后必须重测闸刀（或连接片）的接触电阻。

4.2　绝缘电阻试验

绝缘电阻的测量是电缆试验中被广泛应用的一种方法。绝缘电阻在一定程度上可以反映出电缆绝缘的好坏，同时可通过吸收比的试验来判断绝缘有无受潮。

4.2.1　绝缘电阻试验原理

当直流电压作用到介质上时，在介质中通过的电流由三部分组成：泄露电流 I_1、吸收电流 I_2 和充电电流 I_3。各电流与时间的关系，如图4-1（a）所示。

合成电流 $I=I_1+I_2+I_3$，I 随时间增加而减小，最后达到某一稳定电流值。同时，介质的绝缘电阻由零增加到某一稳定值。绝缘电阻随时间变化的曲线叫做吸收曲线，如图4-1（b）所示。绝缘电阻受潮后，泄露电流增大，绝缘电阻降低而且很快达到稳定值。绝缘电阻达到稳定值得时间越长，说明绝缘状况越好。

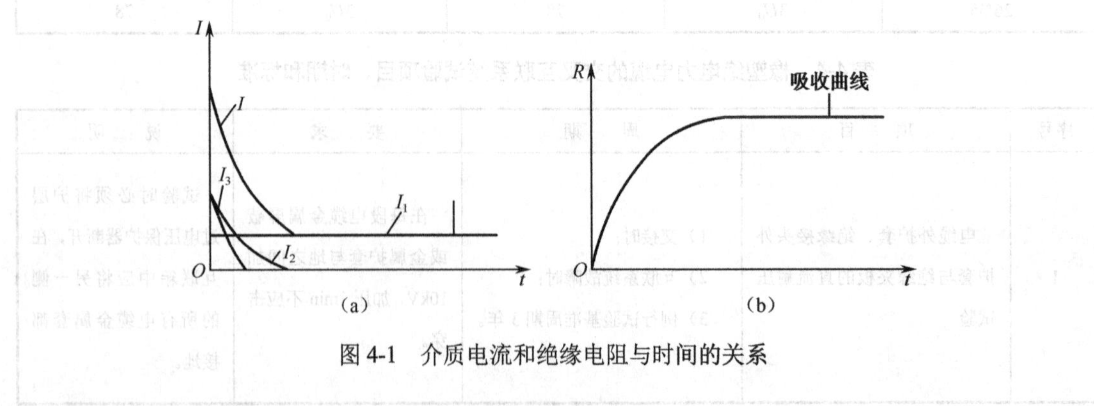

图4-1　介质电流和绝缘电阻与时间的关系

4.2.2 绝缘电阻测量的步骤及注意事项

1. 选择兆欧表

通常兆欧表按其额定电压分为 500V、1000V、2500V、5000V 几种。根据电缆额定电压的不同选择不同电压等级的兆欧表。

（1）500V 及以下电缆、橡塑电缆的外护套及内衬层使用 500v 兆欧表；

（2）500～3000V 电缆使用 1000V 兆欧表；

（3）3～10kV 电缆使用 2500V 兆欧表；

（4）10kV 以上电缆使用 2500V 或 5000V 兆欧表。

2. 检查兆欧表

使用前应检查兆欧表是否完好。检查的方法是：先将兆欧表的接线端子间开路，按兆欧表额定转速（约每分钟 120 转）摇动兆欧表手柄，观察表计指针，应该指“∞”；然后将线路和地端子短路，摇动手柄，指针应该指“0”。

3. 对被试设备放电

试验前电缆要充分放电并接地，方法是将导电线芯及电缆金属护套接地，放电时间不少于 2 分钟。

4. 接线

测试前应将电缆终端头表面擦净。兆欧表有三个接线端子：接地端子（E）、屏蔽端子（G）和线路端子（L）。为了减小表面泄露可这样接线：用电缆另一绝缘线芯作为屏蔽回路，将该绝缘线芯两端的导体用金属软线接到被测试绝缘线芯的套管或绝缘上并缠绕几圈，再引接到兆欧表的屏蔽端子，如图 4-2 所示。应注意，线路端子上引出的软线处于绝缘状况，不可乱放在地上，应悬空。

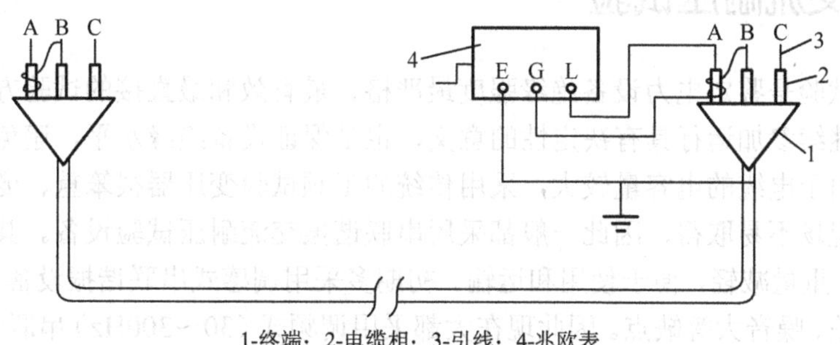

图 4-2 测量绝缘电阻的接线方法

5. 摇测绝缘电阻和吸收比

以恒定额定转速摇动兆欧表（120r/min），到达额定转速后，再搭接到被测线芯导体上，分别读取摇转 15s 和 60s 时的绝缘电阻 $R15''$ 和 $R60''$，$R60''/R15''$ 的比值即为吸收比。通常以 $R60''$ 的值作为绝缘电阻值。

6. 对被试物放电

每次测完绝缘电阻后都要将电缆放电、接地。电缆线路越长，绝缘状态越好，则接地时间越长，一般不小于 2 分钟。

7. 记录

记录的内容包括被试电缆的名称、编号、铭牌规范、运行位置，试验现场的湿度以及摇测被试设备所得的绝缘电阻值和吸收比值等。

4.2.3 对试验结果的判断

对电气设备所测得的绝缘电阻和吸收比，应按其值的大小，通过比较进行分析判断。

（1）所测得的绝缘电阻不小于每千米 0.5MΩ且吸收比不应小于 1.3。若低于上述值，应进一步分析，查明原因。

（2）电缆的绝缘电阻随着湿度增大而减小，反之则增大，且因绝缘材料不同其变化也不同。

（3）当发现绝缘电阻低或相间绝缘电阻不平衡时，应仔细进行分析，判断是否因绝缘表面泄露引起，必要时应作屏蔽，清除表面泄漏的影响。

（4）吸收比是判断电缆绝缘好坏的一个主要因素。吸收比越大，电缆绝缘越好。如果电缆没有吸收现象，则说明电缆绝缘受潮不合格。

（5）同一条电缆三相之间绝缘电阻应平衡，一般不应相差太大。因为三相电缆的运行条件完全一样，绝缘电阻也应基本上相同。

（6）运行中的电缆线芯的温度除受周围环境的影响以外，还与因停止运行进行试验前电缆的载流量和停电时间的长短有关，因此很难准确地按温度系数进行换算，或通过与过去所测绝缘电阻值进行比较来判断电缆的好坏和绝缘性能的变化情况。因此绝缘电阻的数值，只用来作为判断绝缘状态的参考数据，不能作为鉴定及淘汰电缆的依据。

4.3 谐振交流耐压试验

交流耐压试验是鉴定电力设备绝缘强度最严格、最有效和最直接的试验方法，它对判断电力设备能否继续参加运行具有决定性的意义，也是保证设备绝缘水平，避免发生绝缘事故的重要手段。由于电缆的电容量较大，采用传统的工频试验变压器很笨重、庞大，且大电流的工作电源在现场不易取得，因此一般都采用串联谐振交流耐压试验设备。其输入电源的容量能显著降低、重量减轻，便于使用和运输。初期多采用调感式串联谐振设备（50Hz），但存在自动化程度差、噪音大等缺点。因此现在大都采用调频式（30～300Hz）串联谐振试验设备，可以得到更高的品质数（Q 值），并具有自动调谐、多重保护，以及低噪音、灵活地组合方式（单件重量大为下降）等优点。

4.3.1 谐振交流耐压试验的原理及接线

1. 谐振交流耐压试验的特点

（1）所需电源容量大大减小。串联谐振电源是利用谐振电抗器和被试品电容谐振产生高

电压和大电流，在整个系统中，电源只需要提供系统中有功消耗的部分，因此，试验所需的电源功率只有试验容量的 1/Q。

（2）设备的重量和体积大大减少。在串联谐振电源中，不但省去了笨重的大功率调压装置和普通的大功率工频试验变压器，而且谐振激磁电源只需试验容量的 1/Q，使得系统重量和体积大大减少，一般为普通试验装置的 1/3～1/5。

（3）改善输出电压的波形，谐振电源是谐振式滤波电路，能改善输入电压的波形畸变，获得很好的正弦波形，有效地防止了谐波峰值时对试品的误击穿。

（4）防止大的短路电流烧伤故障点。在串联谐振状态，当试品的绝缘弱点被击穿时，电路立即脱谐，回路电流迅速下降为正常试验电流的 1/Q。而并联谐振或者试验变压器方式进行耐压试验时，击穿电流立即上升几十倍，两者相比，短路电流与击穿电流相差数百倍。所以，串联谐振能有效地找到绝缘弱点，又不存在大的短路电流烧伤故障点的忧患。

【知识拓展】 电路脱谐指由于电容量变化，导致不满足谐振条件。

（5）不会出现任何恢复过电压。试品发生击穿时，因失去谐振条件、高电压也立即消失，电弧即可熄灭，且恢复电压的再建立的过程很长，很容易在再次达到闪络电压前断开电源，这种电压的恢复过程是一种能量积累的间歇振荡过程，其过程长，而且不会出现任何恢复过电压。

2. 试验原理及接线

串联谐振交流耐压设备系统由控制源、激励变压器、电抗器、分压器四部分组成。其原理接线如图 4-3 所示。

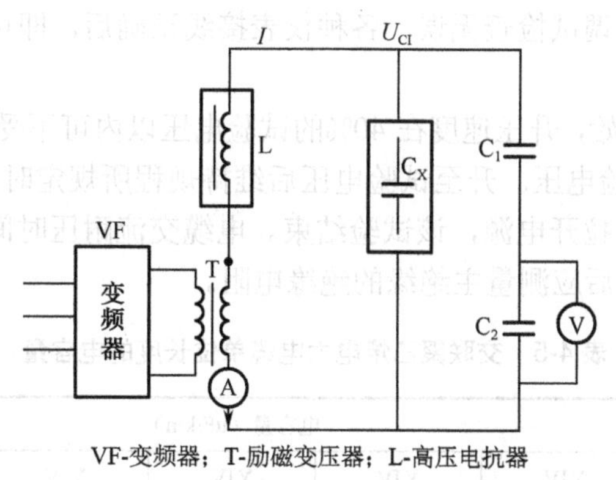

VF-变频器；T-励磁变压器；L-高压电抗器

C1、C2-高压分压器高、低压臂；C_X-试品

图 4-3　变频串联谐振试验成套装置原理图

高压电抗器 L 可调节电抗值使用，以保证回路在适当的频率下谐振。通过变频器 VF 提供电源，试验电压由励磁变压器 T 经过初步升压后，使高电压加在高压电抗器 L 和试品 C_x 上，通过改变变器的输出频率，使回路处于串联谐振状态；调节变频电源的输出电压幅度值，使试品上的高压达到合适的电压值。

回路的谐振频率取决于与被试品串联的电抗器的电感 L 和试品的电容 C_x，谐振频率 $f = 1/(2\pi\sqrt{LC_x})$。

4.3.2 试验步骤及注意事项

（1）准备工作。根据相关规定或制造厂家的规定值确定试验电压，并根据试验电压和所试电缆的电容（见表 4-5）及长度选择合适电压等级的电源设备、测量仪表和保护电阻。如试验电压较高，则推荐采用串联谐振以降低试验电源的容量，试验前应根据相关数据计算电抗器、变压器的参数，以保证谐振回路能够匹配谐振以达到所需的试验电压和电流。

（2）试验前先进行主绝缘电阻和交叉互联、外护套的试验，各项试验合格后再进行本项试验。

（3）检查试验电源、调压器和试验变压器状态是否正常。按图 4-4 接线图准备试验，保证所有试验设备、仪表仪器接线正确、指示正确。

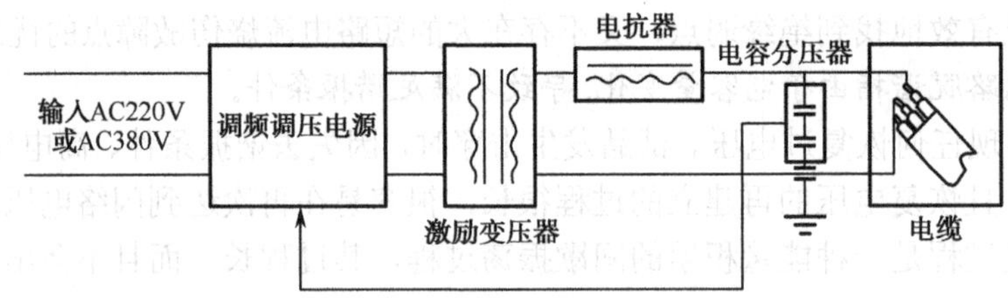

图 4-4　电缆耐压试验接线图

（4）设备仪表接好后，在空载条件下调整保护间隙，其放电电压在试验电压的 110%～120%范围内（如采用串联谐振，需要另外的变压器调整保护间隙）。并调整试验电压在高于试验电压 5%下维持 2 分钟后将电压降至零，拉开电源。

（5）电压和电流保护调试检查无误，各种仪表接线正确后，即可将高压引线接到被试电缆上进行试验。

（6）升压必须从零开始，升压速度在 40%的试验电压以内可不受限制，其后应均匀升压，速度约每秒提升 3%的试验电压。升至试验电压后维持规程所规定时间。

（7）将电压降至零，拉开电源，该试验结束。电缆交流耐压时间较长，试验期间应注意试验电流的变化，试验前后应测量主绝缘的绝缘电阻。

表 4-5　交联聚乙烯电力电缆单位长度的电容量

电缆导体截面积/mm²	电容量（uF/km）						
	YJV YJLV	YJV YJLV	YJV YJLV	YJV YJLV	YJV YJLV	YJV YJLV	YJV YJLV
	6/6kV、 6/10kV	8.7/6kV、 8.7/10kV	12/35kV	21/35kV	26/35kV	64/110kV	128/ 220kV
1（3）*35	0.212	0.173	0.152	—	—	—	—
1（3）*50	0.237	0.192	0.166	0.118	0.114	—	—
1（3）*70	0.270	0.217	0.187	0.131	0.125	—	—
1（3）*95	0.301	0.240	0.206	0.143	0.135	—	—
1（3）*120	0.327	0.261	0.223	0.153	0.143	—	—
1（3）*150	0.358	0.284	0.241	0.164	0.153	—	—
1（3）*185	0.388	0.307	0.267	0.180	0.163	—	—

续表

电缆导体截面积/mm²	电容量（uF/km）						
	YJV YJLV	YJV YJLV	YJV YJLV	YJV YJLV	YJV YJLV	YJV YJLV	YJV YJLV
	6/6kV、6/10kV	8.7/6kV、8.7/10kV	12/35kV	21/35kV	26/35kV	64/110kV	128/220kV
1（3）*240	0.430	0.339	0.291	0.194	0.176	0.129	—
1（3）*300	0.472	0.370	0.319	0.211	0.190	0.139	—
1（3）*400	0.531	0.418	0.352	0.231	0.209	0.156	0.118
1（3）*500	0.603	0.438	0.388	0.254	0.232	0.169	0.124
1（3）*600	0.667	0.470	0.416	0.287	0.256	—	—
3*630	—	—	—	—	—	0.188	0.138
3*800	—	—	—	—	—	0.214	0.155
3*1000	—	—	—	—	—	0.231	0.172
3*1200	—	—	—	—	—	0.242	0.179
3*1400	—	—	—	—	—	0.259	0.190
3*1600	—	—	—	—	—	0.273	0.198
3*1800	—	—	—	—	—	0.284	0.297
3*2000	—	—	—	—	—	0.296	0.215
3*2200	—	—	—	—	—	—	0.221
3*2500	—	—	—	—	—	—	0.232

4.3.3 试验结果及计算

（1）电缆在施加所规定的试验电压和持续时间内无任何击穿现象，则可以认为该电缆通过耐受工频交流电压试验。

（2）如果在试验过程中，试样的端部或终端发生沿其表面闪络放电或内部击穿，必须另做终端，并重复进行试验。

（3）试验过程中因故停电后继续试验，除产品标准另有规定外，应重新计时。

4.4 相位检查

在电缆线路与电力系统接通之前，必须按照电力系统上的相位进行核相。这项工作对于单个用电设备关系不大，但对于输电网络、双电源系统和有备用电源的重要用户，以及有关联的电缆运行系统有重要意义。核对相位的方法很多，下面介绍几种常见的测试方法。

4.4.1 电压表指示法

比较简单的方法是在电缆的一端任意两个导电线芯处接入一个用 2～4 节干电池串联的低压直流电，假定接正极的导电线芯为A相，接负极的导电线芯为B相，在电缆的另一端用直流电压表或万用表的 10V 电压档测量任意两个导电线芯，如图 4-5 所示。

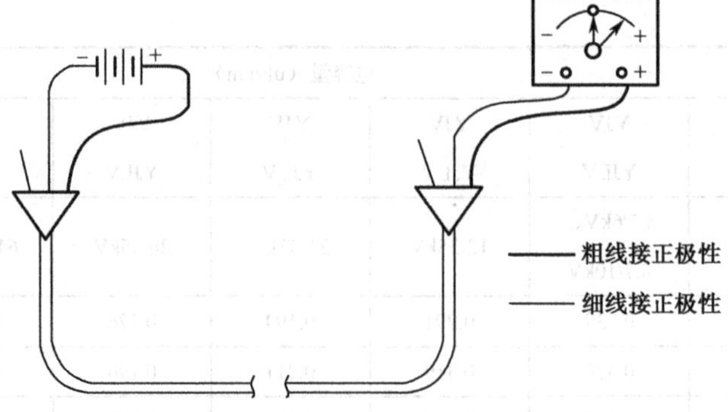

图 4-5　核对电缆导线相位的方法

如有相应的直流电压指示，则接电压表正极的导电线芯为 A 相，接电压表负极的导电线芯为 B 相，第三芯为 C 相。若电压表没有指示，说明电压表所接的两个导电线芯中，有一个导电线芯为 C 相，此时可任意将一个导电线芯换接到电压表上进行测试，直到电压表有正确的指示为止。

采用零点位于中间的电压表更方便。如果电压表指示为正值，则接电压表正极的导电线芯为 A 相，接电压表负极的导电线芯为 B 相；如果电压表指示为负值，则接电压表正极的导电线芯为 B 相，接电压表负极的导电线芯为 A 相，第三芯为 C 相。

4.4.2　摇表法

摇表法接线如图 4-6 所示。检查的方法是将电缆的一端被试线芯接地，在另外一端用摇表分别检查三相对地的电阻。

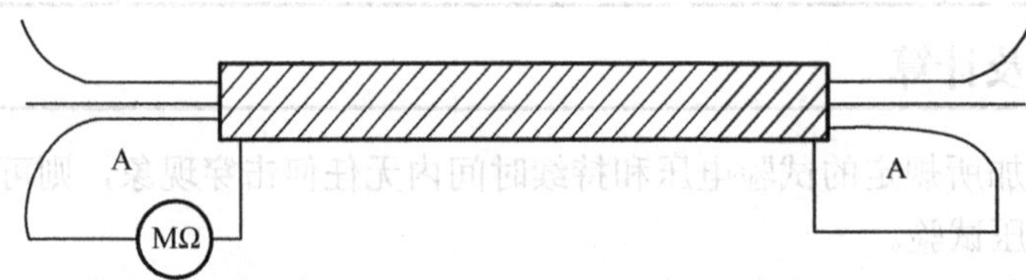

图 4-6　摇表法核对电缆导线相位的方法

当电阻为零的一相与接地端相位相同时，标以相同相位标号即可。反复三次，即可以确定 A、B、C 三相。

4.5　电力电缆线路参数试验

电缆线路是电力系统的重要组成部分，其工频参数（主要指正序和零序阻抗）的准确性关系到电网的安全稳定运行，是计算系统短路电流、继电保护整定、电力系统潮流计算和选择合理运行方式等工作的实际依据。交接规程规定，35kV 以上的电缆线路必须进行线路参数试验。

4.5.1　电缆线路参数试验前的准备

测量参数前，应收集电缆线路的有关设计资料，如线路名称、电压等级、线路长度、电

缆型号和标称截面等，了解该电缆线路电气参数的设计值或经验值，根据这些资料并结合现场实际情况做出试验方案。

4.5.2　电缆线路参数试验的方法

电力系统正常运行时，电源是对称的，所以输电线路测量工频参数时，所用的试验电源必须对称，相序必须与变电站的工作电源隔离，通常使用隔离变压器进行隔离。对于 110kV 及以上电缆线路在进行参数试验时，其金属护套的接地方式应为电缆正常运行时的方式。

1. 直流电阻试验

测量直流电阻是为了检查电缆线路的连接情况和导线质量是否符合要求。将电缆线路末端三相短路（如图 4-7 所示）在电缆线路始端使用双臂电桥逐次对 AB、BC、CA 相间直流电阻进行测量。

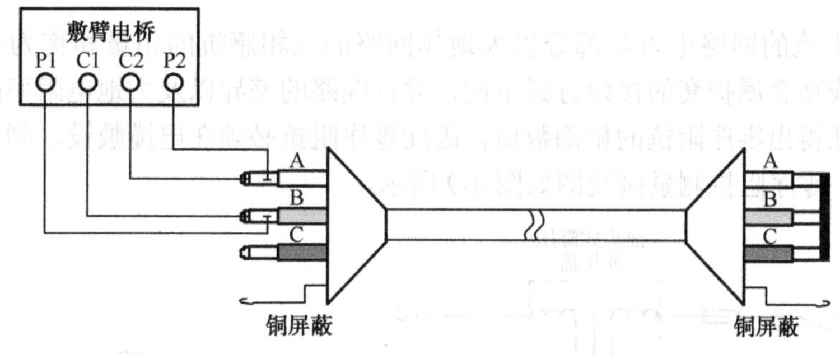

图 4-7　直流电阻试验接线

根据以下公式计算出单相直流电阻：

$$R_A=(R_{AB}+R_{AC}-R_{BC})/2 \tag{4-1}$$

$$R_B=(R_{AB}+R_{BC}-R_{CA})/2 \tag{4-2}$$

$$R_C=(R_{BC}+R_{CA}-R_{AB})/2 \tag{4-3}$$

2. 正序阻抗试验

电缆导体的交流电阻和电缆三相间感抗的相量和称为电缆的正序阻抗。电缆线路的正序阻抗一般可以在电缆盘上直接测量。正序阻抗测量接线图如 4-8 所示。根据测试结果，可计算线芯的正序阻抗 Z_1（单位：Ω）为

$$Z_1=\frac{U}{\sqrt{3}I} \tag{4-4}$$

线芯的交流电阻 R_1 为

$$R_1=\frac{P_1+P_2}{3I^2} \tag{4-5}$$

线芯的正序电抗 X_1 为

$$X_1=\sqrt{Z_1^2-R_1^2} \tag{4-6}$$

式中：U—线芯间三相电压表读数的平均值，单位：V；

I—线芯间三相电流表读数的平均值，单位：A；

P_1、P_2—功率表读数，单位：W。

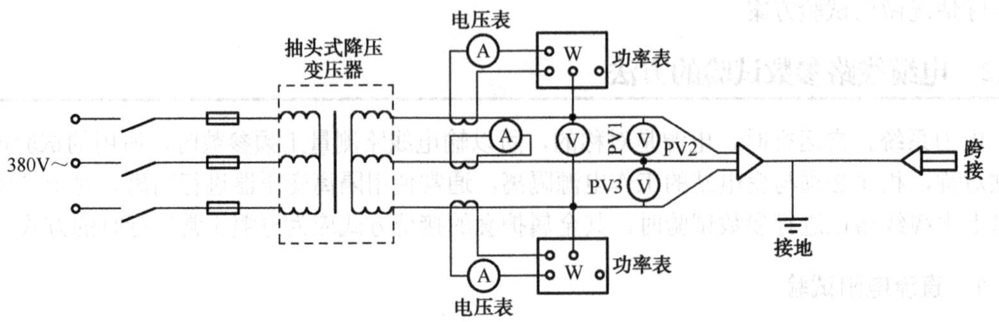

图 4-8　正序阻抗试验接线图

3. 零序阻抗试验

电缆零序电流的回路电阻与部分以大地作回路的三相感抗的相量和称为电缆的零序阻抗。由于电缆线路金属护套的接地方式不同，并行线路的差异以及大地电阻率的不同，很难用理论计算方法得出零序阻抗的精确数值，因此零序阻抗必须在电缆敷设、制作接头结束后进行实际测量。零序阻抗测量接线图如图 4-9 所示。

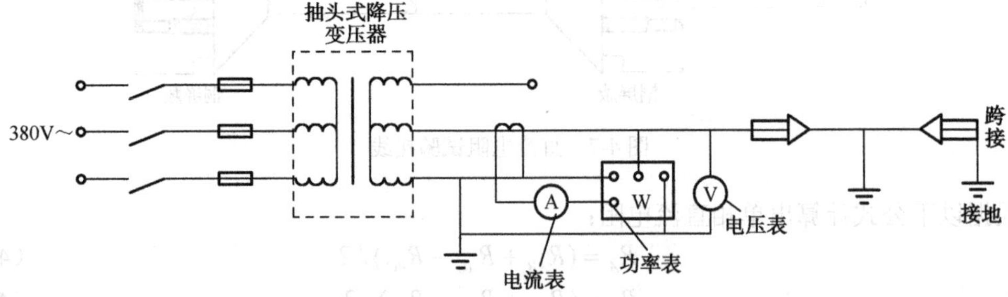

图 4-9　零序阻抗试验接线图

零序阻抗试验时所用设备容量和测量要求基本相同，零序阻抗的大小与电缆线路接地电阻大小的关系较大，计算方法如下：

线芯的零序阻抗 Z_0 为：

$$Z_0 = \frac{3U}{I} \tag{4-7}$$

线芯的交流阻抗 R_0 为

$$R_0 = \frac{3P}{I^2} \tag{4-8}$$

线芯的零序电抗 X_0 为：

$$X_0 = \sqrt{Z_0^2 - R_0^2} \tag{4-9}$$

式中：U—线芯间三相电压表读数的平均值，单位：V；

I—线芯间三相电流表读数的平均值，单位：A；

P—功率表读数，单位：W。

4.5.3 试验结果分析及注意事项

1. 直流电阻试验

当每一相电缆线路的直流电阻被测出后，根据下式可换20℃时单位长度的直流电阻值，并与出厂值进行校核。

$$R_x = R_a \frac{T + t_x}{T + t_a} \quad (4\text{-}10)$$

式中 R_a—温度为t_a时测得的电阻，单位：Ω；

R_x—换算至温度为t_x时的电阻，单位：Ω；

T—系数，铜线时为235，铝线时为225。

直流电阻测试虽然简便，但无法消除试验短接线的导体电阻和接触电阻的影响，会给测量带来一定的误差，此误差对大截面端电缆的测量结果影响尤为突出。为减小接触电阻的影响，准确测量电缆的直流电阻，电缆线路末端的短路线应有足够的截面，并使短路线尽可能的短，且连接牢靠。

2. 正序、零序阻抗试验

在进行正序、零序阻抗试验时，试验电压应按线路长度和试验设备容量来选取，应避免由于电流过小而引起较大的测量误差。电缆线路的零序阻抗与高压电缆的金属护套接地方式有关，因此测试时电缆线路金属护套的接地方式应为电缆正常运行时的方式。金属护套单端接地与两端直接接地或交叉互联接地，其零序阻抗相差很大，这是由于金属护套单端接地时，零序电流只能通过大地返回，大地电阻使线路每相等值电阻增大；当金属护套两端直接接地或交叉互联接地时，零序电流是通过金属护套返回，因此零序阻抗小得多。

思考与练习

1. 电力电缆安装敷设后及使用过程中必须对电力电缆进行哪些电性能测试？
2. 电力电缆试验的一般规定有哪些？
3. 绝缘电阻的测量，选择兆欧表，是如何规定的？
4. 何为吸收比？
5. 谐振交流耐压试验有何优点？
6. 试述电压表指示法的方法？
7. 金属护套单端接地与两端直接接地，其零序阻抗有何区别？

第 5 章　电力电缆故障测寻

5.1　电力电缆故障性质分类与故障原因

电力电缆多埋于地下，一旦发生故障，寻找起来十分困难，往往要花费数小时，甚至几天的时间，不仅浪费了大量的人力、物力，而且会造成难以估量的停电损失。如何准确、迅速、紧急地查询电缆故障便成了供电企业日益关注的课题。

电缆埋设环境比较复杂。因此，测试人员应熟悉电缆的埋设走向与环境，确切地判断出电缆故障性质，选择合适的仪器与测量方法，按照一定的程序工作，才能顺利、准确地测寻到电缆故障点。电缆故障的测寻一般要经过故障诊断（故障性质判定）、故障测距、路径查寻、精确定点等四个步骤。

第一步，电缆故障诊断：电缆故障性质的诊断，即确定故障的类型与严重程度，以便于测试人员对症下药，选择适当的电缆故障测距与定点方法。

第二步，电缆故障测距：电缆故障测距，又叫粗测，即在电缆的一端使用仪器确定故障距离。

第三步，路径查寻：在对电缆故障进行测距之后，要根据电缆的路径走向，找出故障点的大体方位。由于有些电缆是直埋式或埋设在沟道里，而图纸资料又不齐全，不能明确判断电缆路径，这就需要用专用仪器测量电缆路径。

第四步，电缆故障精确定点：电缆故障定点，又叫精测，即按照故障测距结果，根据电缆的路径走向，在一个很小的范围内找出故障点的大体方位。利用放电声测法或其他方法确定故障点的准确位置。

5.1.1　故障性质分类

电缆的故障种类很多，有单一接地故障、短路故障或断线故障，也有混合性的接地又短路故障、断线又接地和断线又短路故障。因各种故障按其阻值的高低均可分为高阻和低阻故障，所以分类的方法也就很不一致。便于电缆的故障测寻可分为以下五种类型：

（1）接地故障：电缆一芯对地故障。其中又可分为低阻接地和高阻接地故障。

（2）短路故障：电缆两芯或三芯短路。其中也可分为低阻短路和高阻短路故障。

（3）断线故障：电缆一芯或数芯被故障电流烧断或受机械外力拉断，形成导体完全断开。其故障点对地或相间的电阻也可分为低阻和高阻断线故障。

（4）闪络性故障：这类故障一般发生于电缆耐压试验击穿时，并大概率出现在电缆中间接头或终端头内。试验时绝缘被击穿，形成间隙性放电。当电缆充电电压达到某一定值时发生击穿，当电缆放电电压降至某一值时，绝缘恢复而不发生击穿，这种故障称为开放性闪络故障；有时在特殊条件下，绝缘击穿后又恢复正常，即使提高试验电压，也不再击穿，这种故障称为封闭性闪络故障。以上两种现象均属于闪络性故障。

（5）混合性故障：同时具有上述接地、短路、断线中两种及以上性质的故障称为混合性故障。

5.1.2 电缆故障原因分析

各类电力电缆故障产生的原因可归纳如下。

（1）机械损伤：机械损伤是指电缆受到直接的外力损坏造成的损伤。

（2）绝缘受潮：绝缘受潮主要是由于终端头或中间接头结构不密封或安装不良而导致进水。

（3）绝缘老化：绝缘老化是指浸渍剂在电热作用下化学分解成蜡状物等，从而产生气隙，发生游离，使介质损耗增大，导致局部发热，引起绝缘击穿。

（4）过电压：过电压指雷击或其他过电压时击穿电缆。

（5）护层腐蚀：护层腐蚀指由于地下酸碱腐蚀、杂散电流的影响，使电缆铅包外皮受腐蚀出现麻点、开裂或穿孔，造成故障。

（6）长期过负荷：长期过负荷运行会使电缆各部位发热、过载，出现电缆热击穿及过热导致电缆线芯烧断等故障。

（7）设计和制造工艺问题：指电缆屏蔽处理不当，导体连接不良，机械强度不足等。

（8）材料缺陷：材料缺陷主要表现在三个方面。一是电缆制造的问题，铅（铝）护层留下的缺陷，在包缠绝缘过程中，纸绝缘上出现褶皱、裂损、破口和重叠间隙等缺陷；二是电缆附件制造上的缺陷，如铸铁件有砂眼，瓷件的机械强度不够，其他零件不符合规格或组装时不密封等；三是对绝缘材料的维护管理不善，造成电缆绝缘受潮、脏污和老化。

5.2 电缆故障诊断及故障测试方法

电缆发生故障后，除特殊情况可直接观察到故障点外，一般均无法通过巡视发现，必须采用测试电缆故障的仪器进行测量来确定电缆故障点的位置。由于电缆的故障类型很多，测寻方法也随故障性质的不同而异。因此在故障测寻工作开始之前，准确地确定电缆故障的性质是非常重要的。

根据电缆发生故障的直接原因可以分为两大类：一类为试验击穿故障，另一类为在运行中发生的故障。

5.2.1 试验击穿故障性质的判定

在试验过程中发生击穿的故障，其性质比较简单，一般为单相、接地或两相短路，很少有三相同时在试验中接地或短路的情况，更不可能发生断线故障。其另一个特点是故障电阻均比较高，一般不能直接用摇表测出，而需要借助直流耐压试验设备进行测试，其方法如下。

（1）在试验中发生击穿时：对于分相屏蔽型电缆均为单相接地；对于统包型电缆，则应将未试相地线拆除，再进行加压，如仍发生击穿，则为单相接地故障，如果将未试相地线拆除后不再发生击穿，则说明是相间故障，此时则应将未试相分别接地，以检测是哪两相之间发生短路故障。

（2）在试验中，当电压升至某一定值时，电缆发生闪络，电压降低后，电缆绝缘恢复，这种故障即为闪络性故障。

5.2.2 运行故障性质的判定

运行电缆故障的性质和试验击穿故障的性质相比起来就显得比较复杂，除发生接地或短路故障外，还可能发生断线故障，因此在测寻前，还应作电缆导体连续性的检查，以确定是否发生断线故障。运行电缆故障一般不会是闪络性的故障。确定电缆故障的性质，一般应用1000V或2500V的摇表或万用表进行测量并作好记录。

（1）首先在任意一端用摇表测量A、B、C三相对地的绝缘电阻值，测量时另外两相不接地，以判断是否为接地故障。

（2）测量各相间A-B、B-C及C-A相间的绝缘电阻，以判断有无相间短路故障。

（3）如用摇表测得电阻很小接近于零时，则应用万用表测出各相对地的绝缘电阻和各相间的绝缘电阻值，以区分低阻、高阻故障。一般认为绝缘电阻值小于10倍电缆的波阻抗为低阻故障，绝缘电阻值大于10倍电缆的波阻抗为高阻故障。（注：交联聚乙烯电缆的波阻抗一般在10～40Ω。）

（4）如用摇表测得电阻很高时，则无法确定故障相。此时应对电缆做直流耐压试验，以判断电缆是否存在故障。

（5）因为运行故障有发生断线故障的可能，所以还应作电缆导体连续性是否完好的检查：在一端将A、B、C三相短接（不接地），到另一端用万能表测量各相间是否完全通路，相间电阻是否完全一致。

【知识拓展】 电缆故障测试的发展历程

电缆故障测试是故障测寻的最关键一步，也是故障测寻核心环节。20世纪70年代前，世界上广泛使用电桥法及低压脉冲反射法进行电力电缆故障测试，二者对低阻故障很准确，但对高阻故障不适用，故常常结合燃烧降阻（烧穿）法，即加大电流将故障处烧穿使其绝缘电阻降低，以达到可以使用电桥法或低压脉冲法测量的目的。烧穿方法对电缆绝缘有不良影响，现已很少使用。

20世纪80年代后，出现了直流闪测法和冲击闪测法，分别测试闪络故障及高阻故障，二者均可分为电流闪测法和电压闪测法，取样参数不同，各有优缺点，电压取样法可测率高，波形清晰易判，盲区比电流法少一半，但接线复杂，分压过大时对人及仪器有危险。电流取样法正好相反，接线简单，但波形干扰大，不易判别，盲区大。两种方法目前是国产高阻故障测试仪的主流方法。电流、电压闪测法基本上解决了电缆高阻故障问题，在我国电力部门应用十分广泛，且应用经验十分丰富，但仪器有盲区，且根据测试仪器和设备的原理，波形有时不够明显，仅靠人为判断，不是很准确，仪器的精度及误差相对也较大。

到了20世纪90年代，发明了二次脉冲法测试技术：因为低压脉冲准确易用，结合直流高压源发射冲击闪络电压，在故障点起弧的瞬间通过内部装置触发发射一低压脉冲，此脉冲在故障点闪络处（电弧的电阻值很低）发生短路反射，并将波形记忆在仪器中，电弧熄灭后，复发一正常的低压测量脉冲到电缆中，此低压脉冲在故障处（高阻）没有击穿产生通路，直接到达电缆末端，并在电缆末端发生开路反射，将两次低压脉冲波形进行对比较容易判断故障点（击穿点）位置。

综上所述，电缆故障测试大致可分为电桥法和脉冲法两大类。脉冲法又分为低压脉冲法、直流高压闪络法、冲击高压闪络法、二次脉冲法。

5.2.3 电桥法

电桥法是一种传统、经典的对低阻故障行之有效的测试方法。电桥法操作相对简单，测试精度也较高。但由于电桥电压和检流计灵敏度的限制，此法仅适用于直流电阻小于 100Ω 的低阻泄露故障，而且要求电缆必须有一根以上的好相才行。对高阻故障，断路故障和三相均有泄露的故障电缆则无能为力。

电桥法测试线路的连接如图 5-1（a）所示，将被测电缆终端故障相与非故障相短接，电桥两臂分别接故障相与非故障相，图 5-1（b）给出了等效电路图。

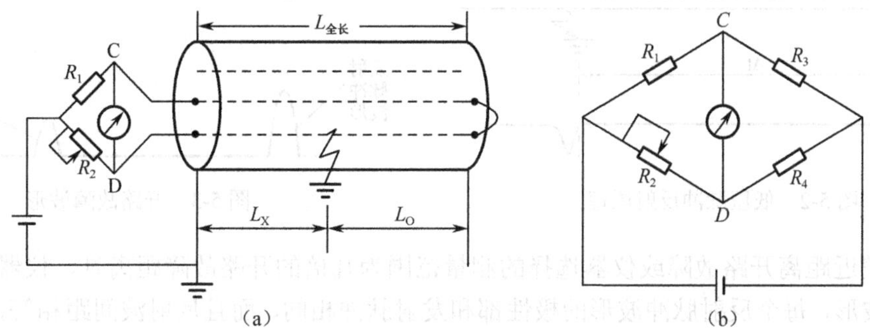

图 5-1 电桥法测试线路的连接

仔细调节 R_2 数值，总可以使电桥平衡，即 CD 间的电位差为 0，无电流流过检流计，此时根据电桥平衡原理可得：

$$R_3 / R_4 = R_1 / R_2$$

R_1、R_2 为已知电阻，设：$R_1 / R_2 = K$，则

$$R_3 / R_4 = K$$

由于电缆直流电阻与长度成正比，设电缆导体电阻率为 R_0，$L_{全长}$代表电缆全长，L_X、L_0 分别为电缆故障点到测量端及末端的距离，则 R_2 可用$(L_{全长}+L_0)R_0$代替，可推出：

$$L_{全长}+L_0=KL_X$$

而 $$L_0=L_{全长}-L_X$$

所以 $$L_X=2L_{全长}/(K+1)$$

电缆断路故障可也用电容电桥测量，原理与上述电阻电桥类似。

5.2.4 低压脉冲法

1．适用范围

低压脉冲法主要用于测量电缆的断线、低阻短路和低阻接地故障的距离，据统计这类故障约占电缆故障的 8%。同时可用于测量电缆的长度、波速度和识别定位电缆的中间头、T 形接头等。

2．测压原理

测试时，从测试端向电缆中输入一个低压脉冲信号，该脉冲信号沿着电缆传播，当遇到电缆中的阻抗不匹配点时，如开路点、短路点、低阻故障点和接头点等，会产生折反射，反射波传播向测试端，被仪器记录下来，如图 5-2 所示。

设从仪器发射出发射脉冲到仪器接受到反射脉冲的时间差为Δt，也就是脉冲信号从测试端到阻抗不匹配点往返一次的时间为Δt，同时如果已知脉冲电磁波在电缆中传播的速度是V，那么根据公式$L=V\Delta t/2$即可计算出阻抗不匹配点距测端的距离L的数值。

3．对低压脉冲反射波形的理解

（1）开路故障波形。开路故障的反射脉冲与发射脉冲极性相同，如图 5-3 所示。

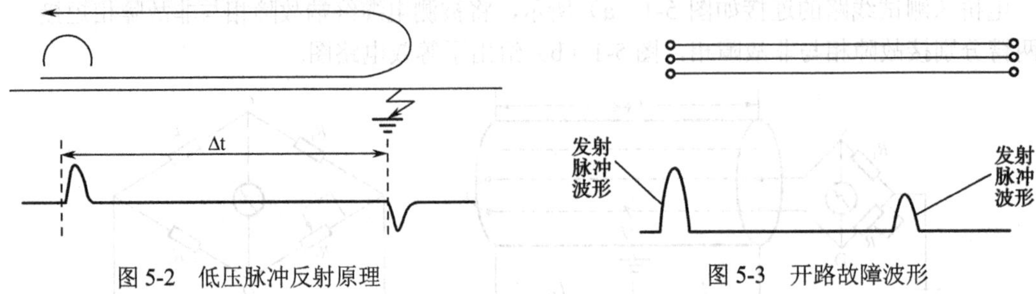

图 5-2　低压脉冲反射原理　　　图 5-3　开路故障波形

当电缆近距离开路故障或仪器选择的测量范围为几倍的开路故障距离时，仪器就会显示多次反射波形，每个反射脉冲波形的极性都和发射脉冲相同，而且反射波间距相等，如图 5-4 所示。

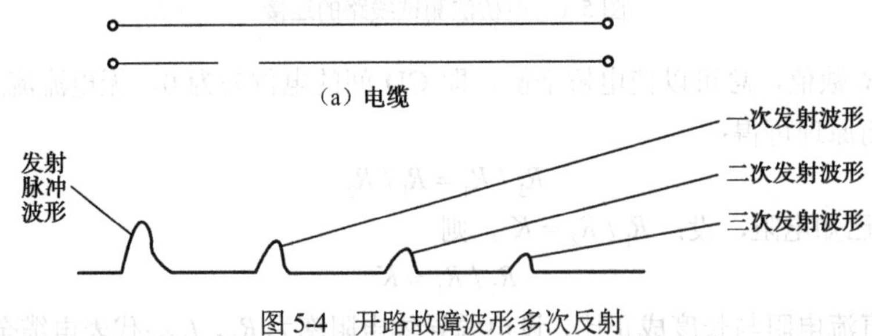

图 5-4　开路故障波形多次反射

（2）短路或低阻接地故障波形。短路和低阻故障的发射脉冲与发射脉冲极性相反，如图 5-5 所示。

（3）低压脉冲方式比较测量法。在实际测量时，电缆线路可能比较复杂，存在着中间接头接触不良、接地不良，以及不同性质电缆对接等情况，更使得脉冲反射波形不太容易理解，波形起始点不好标。

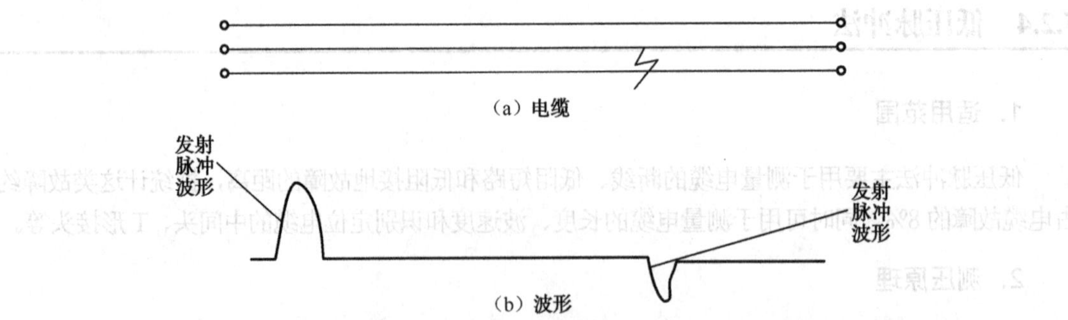

图 5-5　短路或低阻接地故障波形

实际上电力电缆三相均有故障的可能性很小，绝大部分情况下有良好的线芯存在。操作人员可以通过比较电缆良好线芯与故障线芯脉冲反射波形的差异处来寻找故障点，避免了理

解复杂的脉冲反射波形的困难，使故障点容易准确、快速识别。

如图 5-6（a）所示，这是一条带中间接头的电缆，发生了单相低阻接地故障。首先通过故障线芯对地测量得出一低压脉冲反射波形，如图 5-6（b）所示；然后在测量范围与波形增益都不变的情况下，再用良好的线芯对地测得一个低压脉冲反射波形，如图 5-6（c）所示；然后，对这两个波形进行比较，在比较后的波形上会出现了一个明显的差异点，这是由于故障点反射脉冲所造成的，如图 5-6（d）所示，该点所表示的距离即是故障点位置。

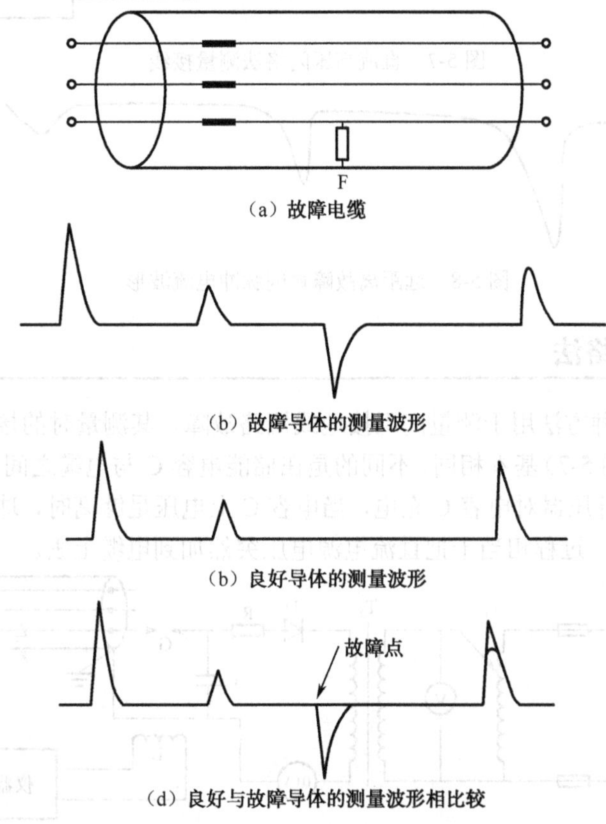

图 5-6　低压脉冲方式比较测量法测试单相对地故障

5.2.5　直流高压闪络法

直流高压闪络法（简称直闪法）用于测量闪络击穿性故障，即故障点电阻极高，在用高压试验设备把电压升到一定值时就产生闪络击穿的故障。

图中，T_1 为调压器、T_2 为高压试验变压器，容量为 0.5～1.0kV·A，输出电压为 30～60kV；C 为储能电容器；L 为线性电流耦合器（取样器）。

采用如图 5-7 所示的接线进行测试。在电缆的一端加上直流高压，当电压达某一值时，电缆被击穿而形成短路电弧，使故障点电压瞬间变到零，产生一个与所加直流负高压极性相反的正突跳电压波。此突跳电压波在测试端至故障点间来回传播反射。如图 5-8 所示，就是远距离故障直闪脉冲电流波形图。

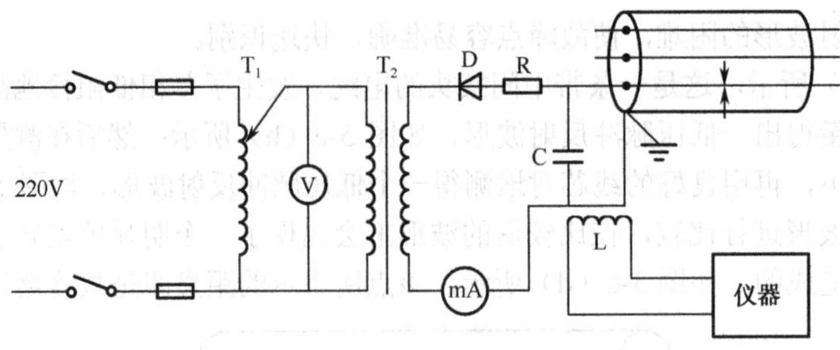

图 5-7　直流高压闪络法测量接线

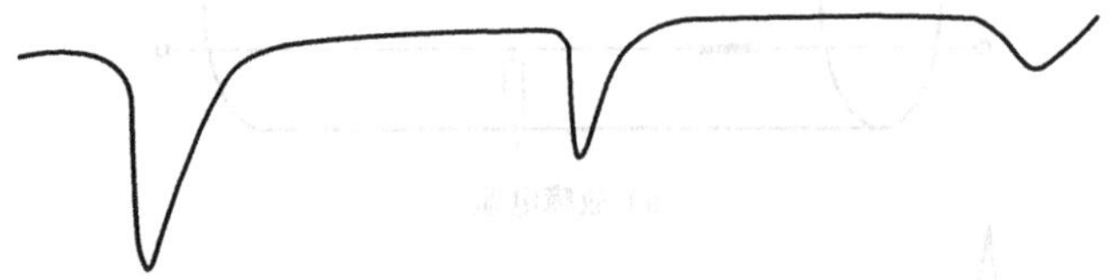

图 5-8　远距离故障直闪脉冲电流波形

5.2.6　冲击高压闪络法

简称冲闪法，这种方法用于测量高阻接地或短路故障。其测量时的接线如图 5-9 所示，它与直闪法接线（见图 5-7）基本相同，不同的是在储能电容 C 与电缆之间串入一球形间隙 G。首先，通过调节调压升压器对电容 C 充电，当电容 C 上电压足够高时，球形间隙 G 击穿，电容 C 对电缆放电，这一过程相当于把直流电源电压突然加到电缆上去。

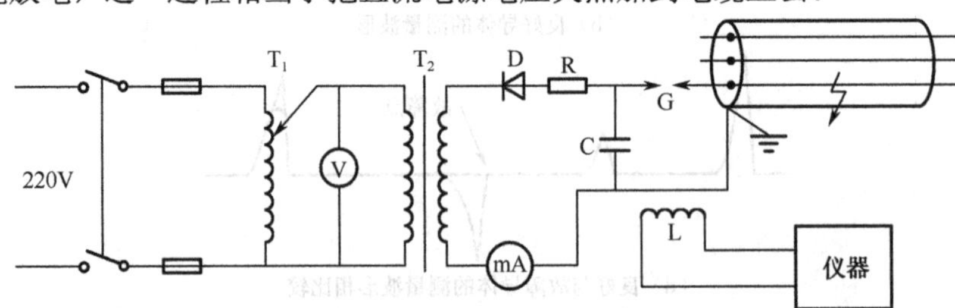

图 5-9　冲击高压闪络法测量接线

5.2.7　二次脉冲法

这是近几年来出现的比较先进的一种测试方法。是基于低压脉冲波形容易分析、测试精度高的情况下开发出的一种新的测距方法。其接线图如图 5-10 所示。

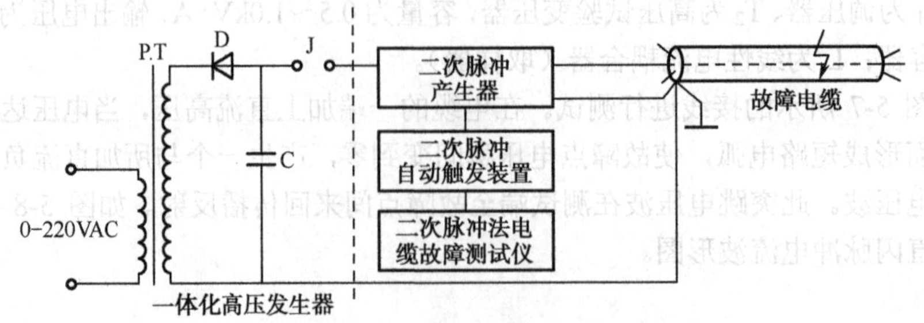

图 5-10　二次脉冲法测试接线

其基本原理是通过高压发生器给存在高阻或闪络性故障的电缆施加高压脉冲，使故障点出现弧光放电。由于弧光电阻很小，在燃弧期间原本高阻或闪络性的故障就变成了低阻短路故障。此时，通过耦合装置向故障电缆中注入一个低压脉冲信号，记录下此时的低压脉冲反射波形（称为带电弧波形），则可明显地观察到故障点的低阻反射脉冲；在故障电弧熄灭后，再向故障电缆中注入一个低压脉冲（二次脉冲），记录下此时的低压脉冲反射波形（称为无电弧波形），此时因故障电阻恢复为高阻，低压脉冲信号在故障点没有反射或反射很小。把带电弧波形和无电弧波形进行比较，发现两个波形在相应的故障点位里明显不同，波形的明显分歧点离测试端的距离就是故障距离。

5.3　电缆路径查寻及故障精确定点

5.3.1　利用脉冲磁场方向探测电缆的路径

1. 脉冲磁场的波形与方向

使用与冲闪法测试相同的高压设备，向电缆中施加高压脉冲信号，使故障点击穿放电时其放电电流是暂态脉冲电流。根据对脉冲电流的分析和实际应用中的表现，我们可近似地认为暂态电流磁场与稳态电流磁场的变化规律是基本一致的。也就是说从较远处看，电缆周围的电磁场如图 5-11 所示。

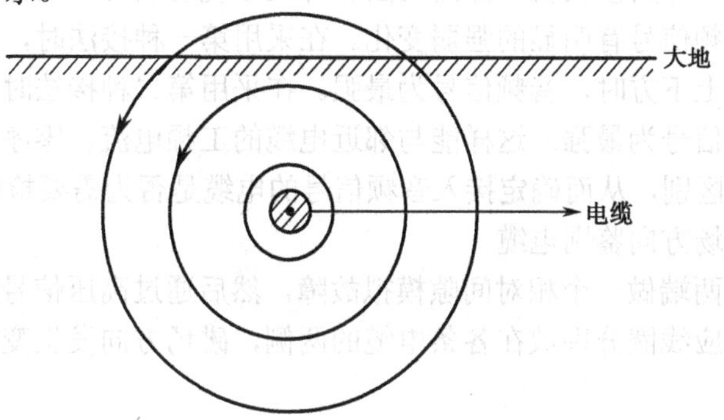

图 5-11　电缆周围的脉冲磁场

从图中可看到，如果把感应线圈以其轴心垂直于大地的方向分别放置于电缆的左右两侧，那么右侧的磁力线是以从下方进入线圈的方向穿过线圈的，而左侧的磁力线则是从线圈下方出来的。故障定点仪器可以检测记录下电缆故障点放电产生的脉冲磁场信号，在电缆的左右两侧记录到的脉冲磁场波形的初始方向不同（如图 5-12 所示）。可把波形初始方向向上的称为正磁场，向下的称为负磁场，需要注意的是电缆的左右侧磁场的方向是不同的。

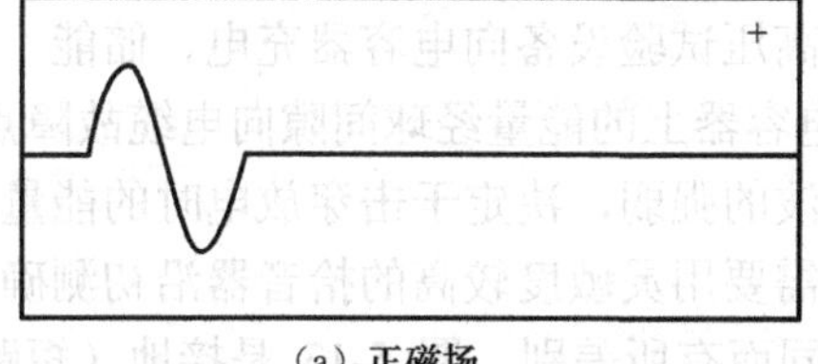

（a）正磁场

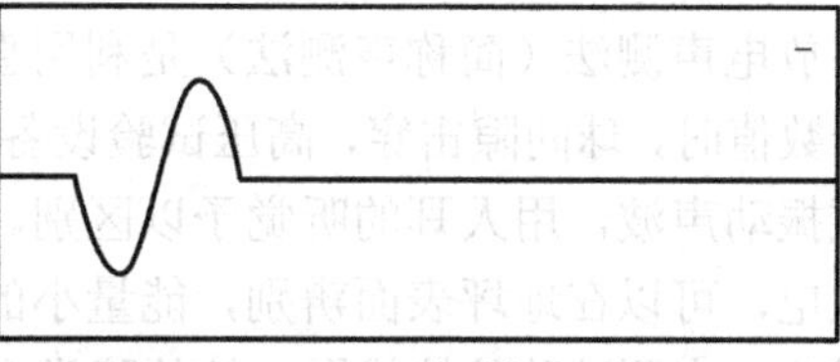

（b）负磁场

图 5-12　电缆周围脉冲磁场波形

2. 利用脉冲磁场方向探测电缆的路径

使用与冲闪法故障测距时相同的高压设备向电缆中施加高压脉冲信号，使故障点击穿放电，在地坪表面查看仪器显示的磁场波形，在正负磁场交替的正下方就是电缆，通过这种方法就能找到电缆的路径。

5.3.2 电缆线路鉴别

（1）工频感应鉴别法

工频感应鉴别法也叫感应线圈法，当绕制在铁芯上的感应线圈接近载流电缆导体时，其线圈中将产生交流电信号，接通耳机则可收听。若将感应线圈放在待检修的电缆上，由于其导体中没有电流通过，因而听不到声音。而感应线圈放在临近有电的电缆上，则能从耳机中听到交流电信号。这种方法操作简单，缺点是当并列电缆条数较多时，由于相邻电缆之间的工频信号相互感应，信号强度会难以区别。

（2）音频信号鉴别法

电缆路径探测仪由音频信号源、通用接收机、探测线圈组成。接入音频信号有两种方法，一种是将音频信号源的输出端与电缆一端的两相导体连接，将电缆另一端的两相导体跨接，或三相短路接地。另一种接法是将音频信号接在电缆一相导体与接地的金属护套之间，在另一端也将该相导体与金属护套连接。当音频信号源开机后，发出 1kHz 或 10kHz 的音频信号，在待鉴别的电缆处，用专用接收机、探测线圈和耳机在现场收听。当探测线圈环绕待测电缆转动时，耳机中的音频信号有明显的强弱变化。在采用第一种接法时，当探测线圈分别在两相接入信号的导体的上下方时，音频信号为最强。在采用第二种接法时，当探测线圈靠近接入信号的导体时音频信号为最强。这样能与邻近电缆的工频电流、零序电流和高次谐波电流所产生的干扰信号相区别，从而确定接入音频信号的电缆是否为需要检修的电缆。

（3）利用脉冲磁场方向鉴别电缆

在需鉴别电缆的两端做一个相对间隙模拟故障，然后通过高压信号发生器向电缆中施加高压脉冲信号，把感应线圈分别放在各条电缆的两侧，磁场方向发生变化的电缆就是作业电缆。

5.3.3 电缆故障的精确定点

电缆故障的精确定点是故障探测的关键。在进行电缆故障测距时，无论采用哪种仪器和测量方法，都难免有误差因此根据测距结果只能定出电缆故障点的大体位置。目前，比较常用的方法是冲击放电声测法，声磁信号同步接收定点法、跨步电压法及主要用于低阻故障定点的音频感应法。

（1）冲击放电声测法

冲击放电声测法（简称声测法）是利用直流高压试验设备向电容器充电、储能，当电压达到某一数值时，球间隙击穿，高压试验设备和电容器上的能量经球间隙向电缆故障点放电，产生机械振动声波，用人耳的听觉予以区别。声波的强弱，决定于击穿放电时的能量。能量较大的放电，可以在地坪表面辨别，能量小的就需要用灵敏度较高的拾音器沿初测确定的范围加以辨认。声测试验的接线图，按故障类型不同而有所差别。图 5-13 是接地（短路）、断路（不接地）和闪络三种类型故障的声测接线图。

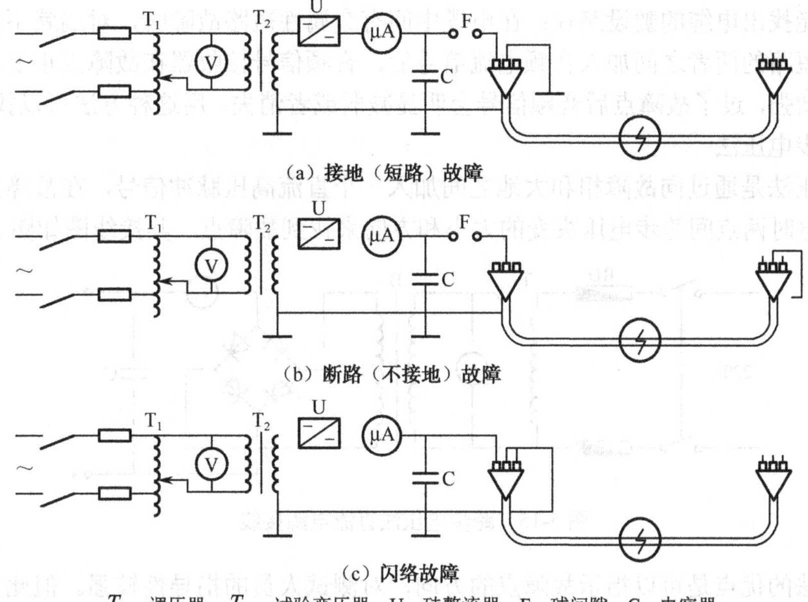

T_t—调压器；T_2—试验变压器；U—硅整流器；F—球间隙；C—电容器

图 5-13 声测试验接线

（2）声磁信号同步接收定点法

声磁信号同步接收定点法（简称声磁同步法）是向电缆施加冲击直流高压使故障点放电，在放电瞬间电缆金属护套与大地构成的回路中形成感应环流，从而在电缆周围产生脉冲磁场。应用感应接收仪器接收脉冲磁场信号和从故障点发出的放电声信号。仪器根据探头检测到的声、磁两种信号时间间隔为最小的点即为故障点。声磁同步法比声测法的抗干扰性能好，所以现在应用的十分广泛。图 5-14 为电缆故障点放电产生的典型磁场和声音波形图。

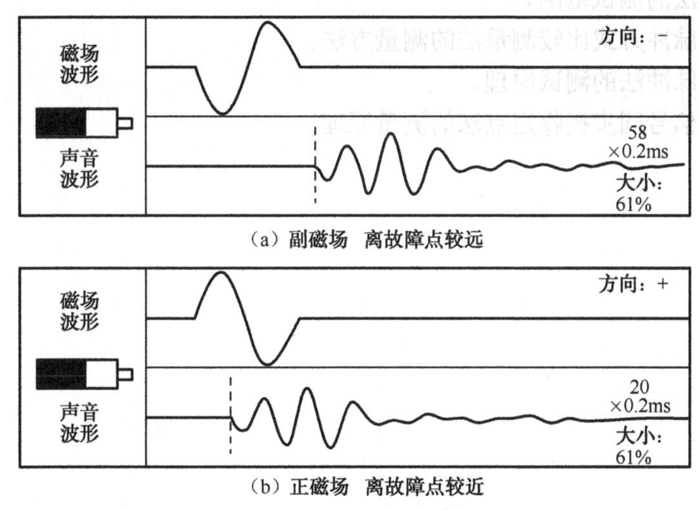

图 5-14 电缆故障点放电产生的典型磁场和声音波形

（3）音频信号法

此方法主要是用来探测电缆的路径走向。在电缆两相间或者相和金属护层之间（在对端短路的情况下）加入一个音频电流信号，用音频信号接收器接收这个音频电流产生的音频磁场信号，就能找出电缆的敷设路径；在电缆中间有金属性短路故障时，对端就不需短路，在发生金属性短路的两者之间加入音频电流信号后，音频信号接收器在故障点正上方接收到的信号会突然增强，过了故障点后音频信号会明显减弱或者消失，用这种方法可以找到故障点。

（4）跨步电压法

跨步电压法是通过向故障相和大地之间加入一个直流高压脉冲信号，在故障点附近用电压表检测放电时两点间跨步电压突变的大小和方向来找到故障点。其接线图如图 5-15 所示。

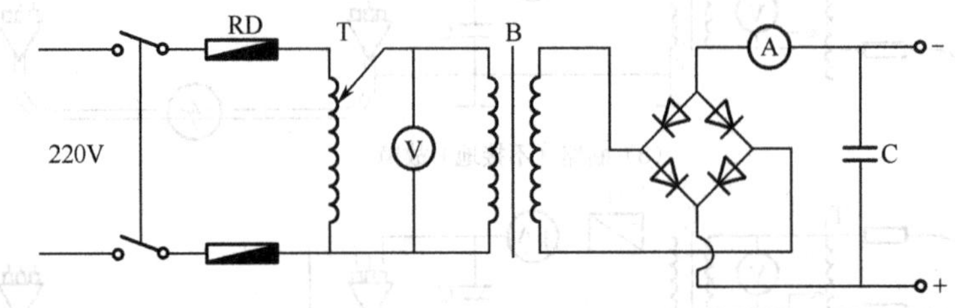

图 5-15　跨步电压法直流电源接线

这种方法的优点是可以指示故障点的方向，对测试人员的指导性较强。但此方法只能查找直埋电缆外皮破损的开放性故障，不适用于查找封闭性的故障或非直埋电缆的故障。

思考与练习

1. 电力电缆故障的测寻一般要经过几个步骤？
2. 电力电缆故障的种类有几种？
3. 电力电缆故障产生的原因有几种？
4. 试述运行电力电缆故障的判定方法。
5. 低压脉冲法的测试范围？
6. 试述低压脉冲方式比较测量法的测量方法。
7. 试述二次脉冲法的测试原理。
8. 简述声磁信号同步接收定点法的测量原理。

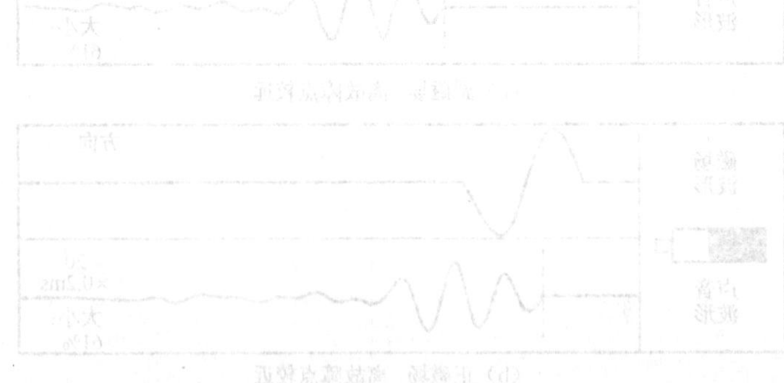

第6章 电力电缆运行管理与维护

6.1 电缆工程验收

对于已投入运行或备用的各电压等级的电缆及附属设备有威胁安全运行的异常现象，统称为电缆缺陷。

6.1.1 电缆设备评级

电缆设备的评级，是供电设备安全运行的重要环节，也是供电设备管理的一项基础工作。设备评级既能全面反映设备的技术状况，又有利于加强设备的维修和技术改进，保证安全供电。

1. 设备评级可分为三级

一级设备是经过运行考验，技术状况良好，能保证在满负荷下安全供电的设备。

二级设备是基本完好的设备，能经常保证安全供电，但个别部件有一般缺陷。

三级设备是有重大缺陷的设备，不能保证安全供电，或输出功率不足，严重漏剂，外观很不整洁，锈烂严重。

2. 设备评级参考标准

一级设备：

（1）规格能满足实际运行需要，无过热现象；

（2）无机械损伤，接地正确可靠；

（3）绝缘良好，各项试验符合规程要求；

（4）电缆终端无漏油、漏胶现象，绝缘套管完整无损；

（5）电缆的固定和支架完好；

（6）电缆的敷设途径及接头区位置有标志；

（7）电缆终端分相颜色和铭牌正确清楚；

（8）技术资料完整正确；

（9）装有外护层绝缘监视的电缆，要求动作正确、绝缘良好。

二级设备：仅能达到一级设备（1）～（4）项标准的。

三级设备：达不到一级设备（1）～（4）项标准的。

3. 电缆绝缘的评级

（1）电缆线路的绝缘评级等级划分，应根据电力电缆线路的绝缘测试数据，结合运行中发现的缺陷，并分析缺陷对电缆线路安全运行的影响程度后，对应划分级别。

（2）电缆线路绝缘评级的划分是绝缘监督主要工作之一，应及时发现电缆线路中的绝缘薄弱环节，并消除。

（3）绝缘等级的评级划分为三级，如表 6-1 所示。

表 6-1 电缆线路绝缘等级划分

绝缘等级	绝缘测试数据	运行检修中发现缺陷情况
一级	试验项目齐全，数据合格	未发现（或已消除）绝缘缺陷
二级	重要试验项目合格，个别次要项目不合格	个别次要项目虽不合格但暂时不影响安全运行
三级	一个及以上主要试验项目不合格，泄露电流大且有升高现象，耐压时有闪络，预防性试验超周期	已发现威胁安全运行的绝缘缺陷

（4）专责工程师应根据绝缘测试数据，并结合运行和检修中发现的缺陷，权衡对安全运行的影响程度。

（5）绝缘监督工作应每年进行一次总结，同时制定下一年的年度工作计划和要求。

6.1.2 电缆缺陷的范围

1. 电缆本体、接头、接地设备

电缆本体、接头和户内户外终端（包括接地线和终端支架）。

2. 电缆线路附属设备

电缆保护管、电缆分支箱、高压电缆换位箱、接地箱及所有表计。

3. 电缆线路上构筑物

（1）电缆线路上的电缆沟、电缆排管、电缆工井、电缆隧道、电缆竖井、电缆桥、电缆架等。

（2）电缆线路上构筑物内的照明和电源系统、排水系统、通风系统，防火系统和各种装置设备。

6.1.3 电缆缺陷的性质

电缆设备缺陷根据性质可分为一般、重要和紧急三种类型，其判断标准如下。

1. 一般缺陷性质

情况轻微，近期对电力系统安全运行影响不大的电缆设备缺陷可判定为一般缺陷。

2. 重要缺陷性质

情况严重，虽可继续运行，但在短期内将影响电力系统正常运行的电缆设备缺陷，可判定为重要缺陷。

3. 紧急缺陷性质

情况危急，随时会发生危急人身和造成设备停电的缺陷可判定为紧急缺陷。

6.1.4　电缆线路缺陷的处理周期

电缆缺陷从发现后到处理的时间段称为周期，其周期根据各类缺陷性质不同而定。

1．电缆线路一般缺陷处理

（1）电缆设备一般缺陷可列入月度检修计划，在一个检修周期内进行处理。

（2）一般缺陷是指对安全运行影响较轻的缺陷（如油浸纸绝缘电缆终端漏油、电缆金属护套和保护管严重腐蚀等），可通过编制下个月度的维修计划消除。

2．电缆线路重要缺陷处理

（1）重要缺陷应在一周内安排处理。

（2）重要缺陷是指情况比较严重，对安全运行构成威胁，需要尽快消除的缺陷（如接点发热、塑料电缆终端表面闪络开裂、金属壳体胀裂并严重漏剂等）。

3．电缆线路紧急缺陷处理

（1）紧急缺陷必须24小时内进行处理。

（2）紧急缺陷是指情况特别严重，对安全运行已构成较大威胁（如接点过热发红、终端套管断裂等），必须立即进行消除的缺陷。

（3）在电缆缺陷管理制度中，应对电缆缺陷的发现、汇报、登录、安排处理、消缺信息反馈，缺陷消除规范流程，明确各部门的职责，建立缺陷处理闭环管理系统。

6.1.5　电缆缺陷处理的技术原则

1．电缆缺陷处理原则

（1）对于已检修过的电缆设备不应留有缺陷。

（2）在电缆设备事故处理中，不允许留下重要及以上性质的缺陷。

（3）在电缆线路缺陷处理中，因一些特殊原因有个别一般缺陷尚未处理的，必须填好设备缺陷单，作好记录，并在规定周期内处理。

（4）电缆缺陷处理应首先制定《缺陷检修作业指导书》，并在电缆线路缺陷处理中严格遵照执行。

（5）设备运行责任人员应对电缆缺陷处理过程进行监督，并在处理完毕后按照相关的技术规程和验收规范进行验收签证。

2．电缆缺陷处理技术

（1）电缆的《缺陷检修作业指导书》应根据不同性质的电缆绝缘处理技术和各种类型的缺陷处理方法详细制定检修施工步骤。

（2）油浸纸绝缘电缆缺陷（如终端渗油、金属护套膨胀或龟裂等）应严格按照相关技术规程规定进行检查处理。

（3）交联聚乙烯绝缘电缆缺陷（如终端温升、终端放电等）应严格按照相关技术规定进行检查处理。

6.1.6 电缆线路工程验收的制度和方法

电缆线路工程属于隐蔽工程，它的验收应贯穿在整个施工过程中。认真地作好电缆线路验收，不仅是保证电缆线路施工质量的重要环节，也是电缆网络安全可靠运行的有力保障。所以，在各电压等级电缆安装过程中，运行部门必须对所管辖区内新安装的电缆线路，严格按验收标准在施工现场进行全过程监控和投运前竣工验收。

1．电缆线路工程验收制度

电缆线路工程验收按自验收、预验收、过程验收、竣工验收四个阶段组织进行，每阶段验收必须填写验收记录单，并作好整改记录。

（1）自验收由施工部门自行组织进行，并填写验收记录单。自验收整改结束后，向本单位质量管理部门提交工程验收申请。

（2）预验收由施工单位质量管理部门组织进行，并填写预验收记录单。预验收整改结束后，填写工程竣工报告，并向上级工程质量监督站提交工程验收申请。

（3）过程验收是指在电缆线路工程施工中对敷设、接头、土建项目的隐蔽工程进行中途验收。施工单位的质量管理部门、运行部门要根据施工情况列出检查项目，由验收人员根据验收标准在施工过程中逐项进行试验，并填交工程验收单，签名认可。

（4）竣工验收由施工单位的上级工程质量监督站组织进行，并填写工程竣工验收签证书，对工程质量予以等级评定。在验收中个别不完善的项目必须限期整改，由施工单位质量管理部门负责复验并作好记录。工程竣工报告完成后 1 个月内需对施工单位进行工程资料验收。

2．电缆线路工程验收方法

（1）验收的手续和顺序。施工部门在工程开工前应将施工设计书、工程进度计划交质检和运行部门，以便对工程进行过程验收。工程完工后，施工部门应书面通知质检、运行部门进行竣工验收。同时施工部门在工程竣工 1 个月内将有关技术资料、文件、报表（含工井、排管、电缆沟、电缆桥等土建资料）一并移交运行部门整理归档。工程资料不齐全的工程，运行部门可不予接收。

（2）电缆线路工程验收应按分部工程逐项进行。

（3）验收报告的编写。验收报告的内容主要分三个方面：工程概况说明、验收项目签证和验收综合评价。

① 工程概况说明：内容包括工程名称、起讫地点、工程开竣工日期以及电缆型号、长度、敷设方式、接头型号、数量、接地方式和工程设计、施工、监理、建设单位名称等。

② 验收项目签证：施工部门在工程验收前应根据实际施工情况编制好项目验收检查表，作为验收评估的书面依据。验收部门可对照项目验收标准对施工项目逐项进行验收签证和评分。

③ 验收综合评价：通过与验收标准的对照对工程质量做出评价。验收标准应根据有关国家标准和企业标准制定，验收部门应对过程验收和竣工验收中发现的情况和验收标准进行比较，得出对该工程施工的综合评价。并对整个工程进行打分，成绩分为“优”、“良”、“及格”、“不及格”四种，其中：“优”指所有验收项目均符合验收标准要求；“良”指所有主要验收项目均符合验收标准，个别次要验收项目未达到验收标准，不影响设备正常运行；“及格”指个

别主要验收项目不合格，不影响设备安全运行；“不及格”指较多主要验收项目不符合验收标准，将会影响设备正常安全运行。

6.1.7　电缆线路敷设工程验收

电缆敷设工程属于隐蔽工程，验收应在施工过程中进行，并且要求抽样率必须大于 50%。

1. 电缆敷设验收的内容和重点

电缆线路敷设验收的内容主要有电缆沟槽开挖、牵引、支架安装、排管敷设、竖井敷设、直埋敷设、防火工程、墙洞封堵和分支箱安装，共计 9 项，其中前 6 个分项工程为关键验收项目，应重点加以关注。

2. 电缆线路敷设验收的标准及技术规范

（1）电力电缆敷设规程；

（2）该工程的设计书和施工图；

（3）该工程的施工大纲和敷设作业指导书；

（4）电缆排管和其他土建设施的质量检验和评定标准；

（5）电缆线路运行规程和检修规程的有关规定。

3. 电缆线路敷设验收内容

（1）电缆沟槽开挖

① 施工许可文件齐全；

② 电缆路径符合设计书要求；

③ 与地下管线距离符合《敷设规程》要求；

④ 开发样洞充足，地下设施清晰；

⑤ 开挖深度按通道环境及线路电压等级均应符合《敷设规程》要求；

⑥ 堆土整齐，不影响交通；

⑦ 施工现场符合文明施工要求。

（2）牵引

① 电缆牵引车位置，人力配置，电缆输送机安放位置均符合作业指导书和施工大纲要求；

② 如使用网套牵引，按金属护套截面计算，铅包电缆牵引力不大于 10S（N），铜导体电缆牵引力不大于 20S（N），其中 S 为金属护套截面；

③ 如使用牵引端牵引，按导体截面计算，铝导体电缆牵引力不大于 40S（N），铜导体电缆牵引力不大于 70S（N），其中 S 为导体截面；

④ 施工时电缆弯曲半径符合作业指导书及施工大纲要求。

（3）墙洞封堵

变电站电缆穿越墙洞、工井排管口、开关柜、开关仓电缆穿越洞口，要求封堵材料符合设计要求，封堵密实良好。

（4）对电缆直埋、排管、竖井与电缆沟敷设的施工现场验收要求的共同点

① 搁置电缆盘的场地应实行全封闭隔离，并有警示标志；

② 电缆敷设前准备工作应完善，完成校潮、制作牵引端、取油样等；

③ 电缆盘制动装置可靠；

④ 110kV 及以上电缆外护层绝缘应符合 110kV 及以上电力电缆护层绝缘测试标准的要求；

⑤ 电缆弯曲半径应符合敷设规程要求；

⑥ 施工单位标准字迹清晰；

⑦ 电缆线路铭牌字迹清晰，命名符合电缆线路铭牌命名标准，铭牌悬挂符合装置图要求；

⑧ 施工资料整齐、正确、字迹清晰、完成及时。

（5）对直埋、排管、竖井敷设方式各有以下特殊要求

① 直埋敷设：滑轮设置合理、整齐；电缆沟底平整，并铺以 5～10cm 软土或沙，电缆敷设后覆盖 15cm 软土或沙；电缆保护盖板应覆盖在电缆正上方。

② 排管敷设：排管疏通工具应符合敷设规程的规定，并双向畅通；电缆在工井内固定应符合装置图要求，电缆在排管口应有一定“伸缩弧”。

③ 竖井敷设：竖井内电缆保护装置应符合敷设规程要求；竖井内电缆的固定应符合装置图要求。

（6）支架安装验收

① 支架应排列整齐，横平竖直；

② 电缆固定和保护。在隧道、工井、电缆层内电缆都应安装在支架上，电缆在支架上应固定良好，无法上支架的部分应每隔 1m 间距固定，固定在金属支架上电缆应有绝缘衬垫；

③ 蛇形敷设应符合作业指导书要求。

（7）电缆防火工程验收

① 电缆防火槽盒验收应符合设计要求。上下槽安装平直，接口整齐，接缝紧密。槽盒内金具安装牢固，间距符合设计或装置图要求。端部应采用防火材料封堵，密封完好；

② 电缆防火涂料厚度和长度应符合设计要求，涂刷应均匀，无漏刷；

③ 防火带应半搭盖绕包，平整，无明显突起；

④ 电缆接头防火保护：电缆层内接头应加装防火保护盒，接头两侧 3m 内应绕包防火带保护；

⑤ 其他防火措施验收应符合设计书及装置图要求。

（8）电缆分支箱验收

① 分支箱基础的上表面应高于地面 200～300mm，固定完好，横平竖直，分支箱门开启方便；

② 内部电气安装、接地极安装应符合设计和装置图要求；

③ 箱体防水密封良好，分支箱底部应铺以黄沙，然后用水泥抹平，应符合作业指导书要求；

④ 分支箱铭牌书写规范，字迹清晰，命名符合电缆线路铭牌命名标准的要求，符合装置图要求；

⑤ 分支箱内相位标识符合装置要求，相色宽度不小于 50mm。

6.1.8 电缆中间接头和电缆终端工程验收

电缆中间接头及电缆终端工程属于隐蔽工程，工程验收应在施工过程中进行。如采用抽样检查抽样率应大于 50%。电缆接头分为直通接头、绝缘接头、塞止接头、过渡接头和护层换位箱五个分项工程。电缆终端分为户外终端、户内终端、GIS 终端和终端接地箱等分项工程。

1. 电缆中间接头和电缆终端验收

（1）施工现场应做到环境清洁，有防尘、防雨措施。

（2）绝缘处理、导体连接、增绕绝缘、密封防水处理、相间和相对距离应符合施工工艺设计和运行规程要求。

（3）施工单位标志和铭牌需做到字迹清晰、安装标准规范。铭牌命名应符合电缆线路铭牌命名标准的要求，相色清晰，宽度不小于50mm。

（4）热缩管须热缩平整，无气泡。

（5）接头应加装保护盒起到机械保护及防护作用。接头和终端安防应符合设计书或装置图要求。

（6）须接地的金属护层应接地良好符合设计及装置图要求。

2. 电缆终端接地箱验收

（1）接地箱安放符合设计书及装置图要求。

（2）终端接地箱内，电气安装符合设计要求。护层保护器符合设计要求，完整无损伤。螺栓连接符合标准。

（3）终端接地箱密封良好。

（4）终端换位箱铭牌书写规范、字迹清晰，命名符合电缆线路铭牌命名标准要求。护层换位箱内同轴电缆相色符合装置图的要求，相色宽度应小于50mm。

（5）接地箱箱体应采用不锈钢材料。

（6）护层竣工试验标准符合电力电缆线路试验标准。

6.1.9　电缆线路附属设备验收

电缆线路附属设备验收主要是接地系统的检收。接地系统由终端接地、接头接地网、终端接地箱、护层换位箱几分支箱接地网组成。主要有以下几个验收项目。

（1）终端接地应符合装置图要求，接地电阻应≤0.5Ω。

（2）终端接地线连接应采用接线端子与接地排连接，接线端子应采用压接方式。

（3）35kV及以下终端接地线截面采用35mm^{2}镀锡软铜线，110～220kV、单芯电缆护层换位箱的连接线应采用内、外芯各为120mm^{2}同轴绝缘铜线，并经直流耐压10kV/min合格。

（4）接地网。接地电阻应≤4Ω，接地扁钢规格为40mm×5mm，并经防腐处理，采用搭接焊，搭接长度必须是其宽度的2倍，而且至少要有3个棱边焊接。

6.1.10　电缆线路工程竣工资料的种类

电缆线路工程竣工资料包括施工文件、技术资料和相关资料。

6.1.11　电缆工程施工文件

（1）电缆线路工程施工依据性文件：施工图设计书，经批准的线路管线执照和掘路执照，设计交底会议和工程协调会议纪要及有关协议，工程施工合同，工程概预算书。

（2）施工指导性文件：施工组织设计报告，作业指导书。

（3）施工过程性文件：电缆敷设报表，接头报表，设计修改文件和修改图，电缆护层绝缘测试记录，换位箱、接地箱安装记录。

6.1.12 电缆工程技术资料

（1）由设计单位提供的整套设计图纸。

（2）由制造厂提供的技术资料：产品设计计算书、技术条件和技术标准、产品质量保证书及订货合同。

（3）由设计单位和制造厂商签订的有关技术协议。

6.1.13 电缆工程竣工验收相关资料

1. 原始资料

原始资料是电缆线路施工前的有关文件和图纸资料。主要包括：工程计划任务书、线路设计书、管线许可证、电缆及附件出厂质量保证书、有关施工协议书等。

（1）电缆线路必须有详细的敷设位置图样，比例尺一般为 1:500，地下管线密集地段为 1:100（甚至更大），管线稀少地段为 1:1000。

（2）平行敷设的直埋电缆线路，尽可能合用一张图纸，但必须标明各条线路相对位置和数条电缆同向平行的断面图，并标明地下管线剖面图。

2. 施工资料

施工资料包括电缆和附件在安装施工中的所有记录和有关图纸。主要包括电缆线路图、电缆接头盒终端装配图、安装工艺和安装记录、电缆线路竣工试验报告。电缆线路必须有原始装置记录：准确的长度、截面积、电压、型号、安装日期、线路的参数，中间接头及终端头的型号、编号装置日期。

3. 运行资料

运行资料是指电缆线路在运行期间逐年积累的各种技术资料。主要包括运行维护记录、预防性试验报告、故障修理记录、电缆巡视以及发现缺陷记录等。

（1）电缆线路必须有运行记录：事故日期、地点及原因以及变动原有装置的记录。

（2）电缆线路所发生的事故都必须做好调查记录（如事故部位、原因、检修过程等），调查记录应逐年归入各条线路的运行档案。

（3）电缆线路上任何变动或修改时，都应及时更正相应资料，保持资料正确性。

4. 共同性资料

与电缆线路相关的技术资料统称为共同性资料。主要包括电缆线路总图、电缆网络系统接线图、电缆断面图、电缆中间接头和电缆终端装配图、电缆线路土建设施的工程结构图等。

（1）全部电缆线路的地形总图（比例尺一般为 1:5000），主要标明线路名称和相对位置，电缆网络的系统接线图，电缆线路路径的协议文件。

（2）各种型式电缆必须具备电缆截面图，并注明必要的结构和尺寸。

（3）电缆的中间接头和终端头的安装及检修，都应具有相应的工艺标准和设计装配总图，

其中总图必须配有详细注明材料的分件图。

（4）电缆线路附属构筑物，如桥梁、隧道、竖井、管道等应备有结构的图样。

6.2 电缆线路防蚀防害

6.2.1 电缆线路巡查周期

1. 电缆线路及电缆线段的巡查

（1）对于敷设地下的每一根电缆线路或电缆线段通道上的路面，应根据电缆线路的必要性，制定护线巡查制度。

（2）竖井内的电缆，每半年至少巡查一次。

（3）变电站内的电缆线路通道上的路面以及电缆线段等的检查，视情况定期进行巡查。

（4）对于供电可靠性要求较高的重要用户及其上级电源电缆，每年应进行不少于一次的巡查。有特殊情况时，应按上级要求做好特巡工作。

（5）对于已暴露的电缆或电缆线路通道附近有施工的路面，应按照电缆线路沿线及保护区内施工的监护制度，酌情缩短巡查周期。

2. 电缆终端附件和附属设备的巡查

（1）对于污秽地区的主设备户外电线终端，应根据污秽地区的定级情况及清扫维护要求巡查。

（2）分支箱、换位箱、接地箱的巡查，视情况定期进行巡查。当系统保护动作造成110kV及以上电缆线路跳闸后，应立即对换位箱、接地箱进行特巡。

3. 电缆线路上构筑物的巡查

（1）电缆线路上的电缆沟、电缆排管、电缆工井、电缆隧道、电缆架应每 3 个月巡查一次。

（2）电缆竖井、电缆桥应每半年巡查一次。

6.2.2 电缆线路巡查内容

1. 电缆线路巡查监护

1）电缆线路及电缆线段的巡查

（1）对电缆线路及电缆线段，应巡查察看路面是否正常，有无挖掘痕迹及路线标桩是否完整无缺等。

（2）敷设在地下的直埋电缆线路上不应堆置瓦砾、矿渣。建筑材料、笨重物件、酸碱性排泄物或砌堆石灰坑等。

（3）在直埋电缆线路上的松土地段临时通行重车，除必须采取保护电缆的措施外，应将该地段详细记入监护记录簿内。

（4）对多根并列电缆线路要检查负荷电流分配和电缆外皮的温度情况。

2）对电缆线路设备连接点的巡查

（1）户内电缆终端巡查

① 检查电缆终端有无电晕放电痕迹；

② 检查终端头引出线接触是否良好；

③ 核对线路铭牌及相位颜色；

④ 检查接地线是否良好；

⑤ 测量单芯电缆护层绝缘。

（2）户外电缆终端巡查

① 检查终端盒壳体及套管有无裂纹，套管表面有无放电痕迹；

② 检查终端头引出线接触是否良好，有无发热现象；

③ 核对线路铭牌及相位颜色；

④ 修理保护管，靠近地面段电缆是否被车辆撞碰；

⑤ 检查接地线是否良好；

⑥ 检查终端盒内绝缘胶（油）有无水分，绝缘胶（油）不满者应予以补充；

⑦ 测量单芯电缆护层绝缘。

（3）单芯电缆保护器巡查：安装有保护器的单芯电缆，在通过短路电流后或每年至少检查一次阀片或球间隙有无击穿或烧熔现象。

（4）地面电缆分支箱巡查

① 检查周围地面环境；

② 检查通风及防漏情况；

③ 核对分支箱名称；

④ 检查门锁及螺丝；

⑤ 油漆铁件；

⑥ 对分支箱内电缆终端的检查内容与户内终端相同。

（5）电缆导线连接点巡查方法：户内、外引出线连接点一般可用红外线测温仪或红外热像仪测量温度。

3）对电缆线路构筑物的巡查

（1）工井和排管的巡查

① 抽取水样，进行化学分析；

② 抽除井内积水，清除污泥；

③ 油漆电缆支架及挂钩等铁件；

④ 检查井盖和井内的通风情况，井体是否存在沉降、裂缝；

⑤ 疏通备用管孔；

⑥ 检查工井内电缆及接头情况，应特别注意接头有无漏油；

⑦ 核对线路铭牌；

⑧ 检查有无电蚀，测量工井内电缆的电位、电流分布情况。

（2）电缆沟、隧道和竖井的巡查

① 检查门锁是否正常，进出通道是否畅通；

② 检查隧道内有无渗水、积水，有积水要排除，并将渗漏处修复；

③ 隧道内的电缆要检查电缆位置是否正常，电缆有无跌落；

④ 检查电缆和接头的金属护套与支架间的绝缘垫层是否完好，在支架上有无搁伤，支架有否脱落；

⑤ 检查防火包带、涂料、堵料及防火槽盒等是否完好，防火设备、通风设备是否完善正常，并记录室温；

⑥ 检查接地是否良好，必要时要测量接地电阻；

⑦ 清扫电缆沟和隧道；

⑧ 检查电缆、电缆中间接头和电缆终端有无漏油；

⑨ 检查电缆隧道照明。

6.2.3　电缆线路化学腐蚀的判断和防止

1. 判断化学腐蚀的方法

（1）铅包腐蚀生产物（如痘状及带淡黄或淡粉红的白色）一般可判定为化学腐蚀。

（2）为了确定电缆的化学腐蚀，必须对电缆线路上的土壤作化学分析，并有专档记载腐蚀物及土壤等的化学分析资料。

（3）根据化学分析结果，可以判断土壤和地下水的侵蚀程度，PH 值用 PH 计或 PH 试纸测定。有机物的数量，用焙烧试量（约 50g）的方法来确定。

2. 防止化学腐蚀的方法

（1）电缆线路设计时应收集路径土壤 PH 值资料，当发现土壤中有腐蚀溶液时，应立即调查腐蚀源，并采取适当改善措施和防护办法。

（2）更换电缆沟槽的回填土。用中性的土壤作电缆的衬垫及覆盖，并在电缆上涂以沥青等。

（3）选用聚氯乙烯外护套的电缆。

（4）将电缆穿在耐腐蚀的陶瓷管内。

（5）当发现土壤中有腐蚀电缆铅包的溶液时，应立即调查附近工厂排除的废水情况，并采取适当改善措施和防护办法。

6.2.4　电缆线路电解腐蚀的判断和防止

1. 判断电解腐蚀的方法

（1）杂散电流从电缆周围的土壤中流入电缆金属护套的地带，叫做阴极地带；反之，当杂散电流由电缆金属护套流出至周围土壤的地带，叫做阳极地带。在阴极地带，如果土壤中不含碱性液体，电缆金属护套不会有被腐蚀的危险，但是在阳极地带则铅护套一定会发生腐蚀。

（2）腐蚀的化合物呈褐色的过氧化铅时，一般可判定为阳极地区杂散电流腐蚀；呈鲜红色（也有呈绿色或黄色）的铅化合物时，一般可判定为阴极地区杂散电流腐蚀。

（3）运行经验表明，当从电缆金属护套流出的电流密度一昼夜的平均值达 $1.5uA/cm^2$ 时，金属护套就有被腐蚀的危险。

（4）这里介绍一种测量杂散电流密度的方法——辅助电极法。辅助电极是用于被测试的电缆相似的一段电缆制成，其长度应使电极与大地的接触面不小于 500cm²。剥除电极表面的外护层，并将铠装表面擦拭清洁，然后焊上连接线，并将焊点绝缘和电极两端浇上沥青或其他绝缘材料。如图 6-1 所示，当测得的电流为毫安时，电流密度可用下式计算出：

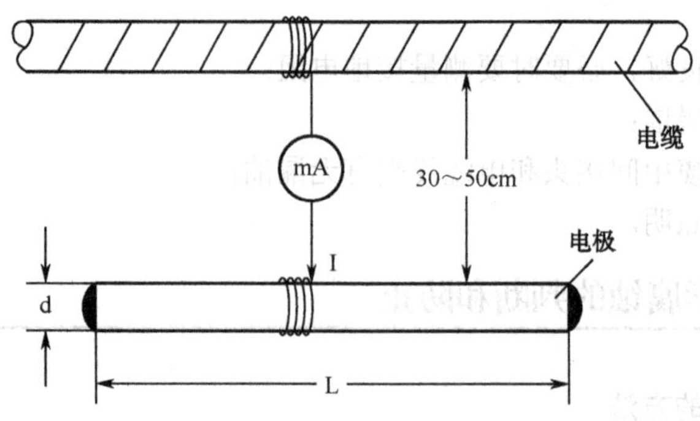

图 6-1 辅助电极法

$$J = \frac{I}{A} \qquad A = 3.14dLK$$

式中：J——电流密度，单位：mA/cm²。

I——测试的电流，单位：mA。

A——电极与大地接触面积，单位：cm²。

d——电极外皮的直径，单位：cm。

L——电极的长度，单位：cm。

K——电极表面与周围土壤接触系数（对钢带铠装电缆 K 可取 0.5）。

2．防止电解腐蚀的方法

（1）为了监视有杂散电流作用地带的电缆腐蚀情况，必须测量沿电缆线路铅包流入土壤内杂散电流密度。阳极地区的对地电位差不大于 1V 及阴极地区附近无碱性土壤存在时，可认为安全地区，但对阳极地区仍应严密监视。

（2）加强电缆金属护套与附近巨大金属物体间的绝缘。装置排流或强制排流、极性排流设备，设置阴极站等。对于电解腐蚀严重的地区，应加装遮蔽管。

（3）在杂散电流密集的地方安装排流设备时，应使电缆铠装上任何部位的电位不超过周围土壤的电位 1V 以上。在小的阳极地区采用吸回电极（锌极或镁极）来构成阴极保护时，保护的电缆铅包电压不应超过-0.2～0.5V。

6.2.5 防止电缆线路虫害

（1）直埋敷设电缆线路应防止来自于昆虫（如白蚁等）虫害的侵蚀。

（2）在气候潮湿地区适宜白蚁繁殖，会侵蚀电缆的内、外护套，造成护套穿孔进潮。

（3）在白蚁活动频繁地区，电缆线路设计应选用防治白蚁的特殊护套。

（4）对已经投入运行的电缆线路，如发现沿线有白蚁繁殖，应立即报告当地白蚁防止部门灭蚁，采用集中诱杀和预防措施，以防运行电缆受到白蚁的侵蚀。

6.3 电缆线路负荷、温度监视和运行分析

6.3.1 电缆线路负荷监视

根据对电缆负荷的监视，可以掌握电缆负荷变化情况和过负荷时间长短，有利于电缆运行状况的分析。电缆线路负荷的测量可用配电盘式电流表或钳形电流表测定。对无人值班的变电站电缆负荷测定，每年应进行 2～3 次，1 次安排在夏季，另 1～2 次则在秋冬季负荷高峰期间，根据预先选定的最有代表性的时间进行。根据测量结果，进行系统分析，以便采取措施，保证电缆安全经济运行。

6.3.2 电缆线路温度监视

（1）在电力电缆比较密集和重要的电缆线路上，可在电缆表面装设热电偶以便测试电缆表面温度，通常电缆表面温度不应超过 50℃。直埋的 110kV 及以上电缆当表面温度高于 50℃时，则可导致土壤中水分迁移，从而造成土壤热阻系数明显升高，应采取降低温度或改善回填土的散热性能等措施。

（2）运行部门除了经常测量负荷外，还必须检查电缆表面的实际温度，以确定电缆有无过热现象。应选择在负荷最大时和在散热条件最差的线段（一般不少于 10m）进行检查。

（3）测温点的选择，应考虑能提供电缆在运行的允许载流量按周围不同温度变化而校正的依据，测温点的深度按该地区电缆实际埋设的情况而定，应选择电缆排列最密集处或散热情况最差处或有外界热源影响处。电缆敷设在人行道松软泥土内和敷设在坚硬车行道路面下散热条件不同，需要分别设立测温点。测温点一般选在该地区日照较长的地方。在电缆密集的地区和有外来热源的地方可设点监视。每个测量地点应装有两个测温点。

（4）在测量电缆温度时，同时测量周围环境的温度，但必须注意测量周围环境温度的测温点应与电缆保持一定距离，测量土壤温度的热偶温度计的装置点与电缆间的距离不小于 3m，离土壤测量点 3m 的半径范围内，应无其他外来热源的影响。电缆同地下热力管交叉或平行敷设时，电缆周围的土壤温度，在任何时候不应超过本地段其他地方同样深度的土壤温度 10℃以上。

（5）运行电缆周围的土壤温度应按指定地点定期进行测量，夏季一般每两周一次。冬、夏负荷高峰期间每周一次。

6.3.3 电缆线路运行分析

1. 电缆线路运行分析

（1）对有过负荷运行记录或经常处于满负荷或接近满负荷运行的电缆线路，应加强监视。

（2）要注意电缆线路户内、户外终端所处环境状态，注意电缆线路上的运行环境和有无机械外力影响。

（3）积累电缆故障原因分析资料，调查故障的现场情况和检查故障实物，并收集安装和运行资料。

① 积累电缆户内、户外终端，中间连接头的故障原因；

② 积累电缆本体的故障原因；

③ 运行线路名称及起讫地点；

④ 故障发生的时间和确切地点；

⑤ 电缆规范：如电压等级、型式、导体截面、绝缘种类、制造厂名、购置日期；

⑥ 装置记录：如安装日期及气候，接头或终端设计型式，绝缘剂种类及加热的温度；

⑦ 现场安装情况，如电缆弯曲半径大小、终端装置高度，三相单芯电缆的排列方式、接地情况，埋设方式、标高，盖板位置等；

⑧ 周围环境：如临近故障点的地面情况，有无新的挖土、打桩或埋管等工程，泥土有无酸或碱的成分，是否夹杂有小石块，附近地区有无化学工厂等；

⑨ 校验记录：包括试验电压、时间、泄漏电流及绝缘电阻的数值、历史记录。

2. 制定电缆事故反措

（1）使电缆适应电网和用户供电的需求。对不适应电网和用户供电的需求的电缆线路，应有计划实施更新改造。

① 电缆线路事故频发，绝缘出现明显老化；

② 电缆导体截面较小，不能满足长期负荷电流和短路容量；

③ 电缆和附件的绝缘水平低于电网的绝缘水平；

④ 电缆的护层结构与电缆线路的运行环境不相适应等。

（2）改善电缆线路运行环境，消除对电缆线路运行构成威胁的各种环境影响和其他影响因素。

① 依法健全电缆护线制度，防止机械外力损伤；

② 防止户外和户内终端污闪或电晕放电；

③ 防止电缆遭受热机械力、震动、地沉的损害；

④ 防止电缆金属护套遭受化学腐蚀和电解腐蚀；

⑤ 防止电缆终端和接头接点过热；

⑥ 电缆密集处的整治，防止“交流电蚀”和避免故障时影响相邻电缆；

⑦ 防止电缆外护套和金属护套虫害；

⑧ 应用先进产品，淘汰落后产品。

思考与练习

1. 设备评级参考标准有哪些？
2. 试述电缆线路紧急缺陷的处理标准。
3. 试述电缆线路工程验收制度。
4. 试述电缆中间接头和电缆终端验收标准。
5. 试述电缆线路及线段的巡查要求。
6. 如何进行电缆线路负荷监视？

反侵权盗版声明

电子工业出版社依法对本作品享有专有出版权。任何未经权利人书面许可，复制、销售或通过信息网络传播本作品的行为，歪曲、篡改、剽窃本作品的行为，均违反《中华人民共和国著作权法》，其行为人应承担相应的民事责任和行政责任，构成犯罪的，将被依法追究刑事责任。

为了维护市场秩序，保护权利人的合法权益，我社将依法查处和打击侵权盗版的单位和个人。欢迎社会各界人士积极举报侵权盗版行为，本社将奖励举报有功人员，并保证举报人的信息不被泄露。

举报电话：（010）88254396；（010）88258888
传　　真：（010）88254397
E-mail：　dbqq@phei.com.cn
通信地址：北京市海淀区万寿路 173 信箱
　　　　　电子工业出版社总编办公室
邮　　编：100036